AUSTRILIA SENIOR SCHOOL
MATHEMATICAL COMPETITION
QUESTIONS AND ANSWERS,
PRIMARY VOLUME, 1985-1991

澳大利亚中学
数学竞赛试题及解答

初级卷　　1985—1991

● 刘培杰数学工作室　编

哈尔滨工业大学出版社
HARBIN INSTITUTE OF TECHNOLOGY PRESS

内容简介

本书收录了 1985 年至 1991 年澳大利亚中学数学竞赛初级卷的全部试题,并且给出了每道题的详细解答,其中有些题目给出了多种解法,以便读者加深对问题的理解并拓宽思路。

本书适合中小学生及数学爱好者参考阅读。

图书在版编目(CIP)数据

澳大利亚中学数学竞赛试题及解答. 初级卷. 1985—1991/刘培杰数学工作室编. —哈尔滨:哈尔滨工业大学出版社,2019.3
ISBN 978-7-5603-7868-8

Ⅰ.①澳… Ⅱ.①刘… Ⅲ.①中学数学课-题解 Ⅳ.①G634.605

中国版本图书馆 CIP 数据核字(2018)第 302925 号

策划编辑	刘培杰 张永芹	
责任编辑	张永芹 邵长玲	
封面设计	孙茵艾	
出版发行	哈尔滨工业大学出版社	
社　　址	哈尔滨市南岗区复华四道街 10 号 邮编 150006	
传　　真	0451-86414749	
网　　址	http://hitpress.hit.edu.cn	
印　　刷	哈尔滨市石桥印务有限公司	
开　　本	787mm×960mm 1/16 印张 8.5 字数 88 千字	
版　　次	2019 年 3 月第 1 版　2019 年 3 月第 1 次印刷	
书　　号	ISBN 978-7-5603-7868-8	
定　　价	28.00 元	

(如因印装质量问题影响阅读,我社负责调换)

◎ 目录

第1章　1985 年试题　//1

第2章　1986 年试题　//16

第3章　1987 年试题　//33

第4章　1988 年试题　//50

第5章　1989 年试题　//64

第6章　1990 年试题　//78

第7章　1991 年试题　//93

编辑手记　//105

第1章 1985年试题

1. 4.8 − 2.5 等于(　　).

A. 6.3　　　B. 1.7　　　C. 2.7

D. 1.3　　　E. 2.3

解　4.8 − 2.5 = 2.3.　　　　　　　(E)

2. $\dfrac{1}{4} + \dfrac{1}{6}$ 等于(　　).

A. $\dfrac{1}{5}$　　　B. $\dfrac{2}{5}$　　　C. $\dfrac{1}{24}$

D. $\dfrac{1}{10}$　　　E. $\dfrac{5}{12}$

解　$\dfrac{1}{4} + \dfrac{1}{6} = \dfrac{1}{24}(6+4) = \dfrac{10}{24} = \dfrac{5}{12}$.　(E)

3. 34 的 $\dfrac{5}{17}$ 等于(　　).

A. 17　　　B. 10　　　C. 68

D. $2\dfrac{1}{2}$　　　E. $\dfrac{2}{5}$

解　34 的 $\dfrac{5}{17}$ 等于 $\dfrac{5}{17} \times \dfrac{34}{1} = 5 \times 2 = 10$.

(B)

4. 在图1中,x 等于(　　).

A. 136　　　B. 101　　　C. 54

D. 126　　　E. 144

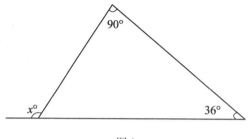

图1

解 三角形外角等于不相邻两内角的和,因为两者和都等于180°减去三角形的第三个角. 因此 $x = 90 + 36 = 126$.　　　　　　　　　　(D)

5. $5x - 2 - (3x - 4)$ 等于(　　).

A. $2x - 4$　　　　B. $-2x + 2$　　　C. $2x + 2$

D. $2x - 2$　　　　E. $2x - 6$

解 $5x - 2 - (3x - 4) = 5x - 2 - 3x + 4 = 2x + 2.$
　　　　　　　　　　　　　　　　　　　　(C)

6. $\dfrac{2}{1 - \dfrac{2}{3}}$ 等于(　　).

A. $\dfrac{2}{3}$　　　　B. $-1\dfrac{1}{3}$　　　C. 6

D. 4　　　　E. 2

解 $\dfrac{2}{1 - \dfrac{2}{3}} = \dfrac{2}{\dfrac{1}{3}} = 2 \times 3 = 6.$　　(C)

7. 80 的 $7\dfrac{1}{2}\%$ 等于(　　).

第1章 1985年试题

A. $7\dfrac{1}{2}$ 　　B. $6\dfrac{2}{3}$ 　　C. 5

D. 60 　　E. 6

解 80 的 $7\dfrac{1}{2}\% = \dfrac{7\dfrac{1}{2}}{100} \times 80 = \dfrac{15}{2} \times \dfrac{1}{100} \times \dfrac{80}{1} = 3 \times 2 = 6.$ 　　　　　　　　　　　　　　　(E)

8. 我买了6个苹果,每个17分,还买了8个橙子,每个23分.付了5澳元应找多少钱?(　　).

A. 2.80 澳元 　B. 2.14 澳元 　C. 3.14 澳元

D. 2.26 澳元 　E. 2.24 澳元

解 每个17分的苹果共6个等于1.02澳元,每个23分的橙子共8个等于1.84澳元,全部费用等于2.86澳元,付5澳元后的找钱等于2.14澳元.　　(B)

9. 一堆纸由1 000 000张厚度为0.25 mm的纸叠成,这堆纸的高度为(　　).

A. 0.25m 　　B. 2.5m 　　C. 25m

D. 250m 　　E. 2 500m

解 总的高度 = (1 000 000 × 0.25)mm = (1 000 × 0.25) m = 250 m.　　　　　　(D)

10. 图2中各角都是直角,该图形的面积(以 m^2 为单位)为(　　).

A. 17.5 m^2 　B. 11.5 m^2 　C. 18.5 m^2

D. 16.5 m^2 　E. 19.5 m^2

3

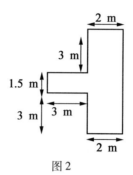

图 2

解法 1 所有的尺寸如图 2 所示,则

总面积 = 竖直部分的面积 + 伸出的水平部分的面积
= $(2 \times 7.5) m^2 + (3 \times 1.5) m^2$
= $(15 + 4.5) m^2$
= $19.5 \ m^2$ （ E ）

解法 2 如图 3

总面积 = 大的矩形面积 - 两个位于角上的正方形的面积
= $(5 \times 7.5) m^2 - [2 \times (3 \times 3)] m^2$
= $(37.5 - 2 \times 9) m^2$
= $(37.5 - 18) m^2 = 19.5 \ m^2$

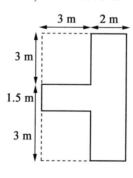

图 3

第1章　1985年试题

11. 一种游戏正常玩一场需要 2 h 45 min 的时间. 由于天气不好,玩的时间减少了 1 h $52\frac{1}{2}$ min,则实际玩的时间是(　　).

A. $1\frac{1}{2}$ h　　　B. $1\frac{1}{8}$ h　　　C. $\frac{7}{8}$ h

D. $\frac{3}{4}$ h　　　E. $\frac{5}{8}$ h

解　实际玩的时间 = $2\frac{45}{60} - 1\frac{52\frac{1}{2}}{60}$ =

$\frac{165 - 112\frac{1}{2}}{60} = \frac{52\frac{1}{2}}{60} = \frac{105}{2 \times 60} = \frac{7}{8}$ (h).　　(　C　)

12. 我的猫的皮毛养护液的用量是每天 1.25 ml. 一瓶 150 ml 的养护液大约能用几个月?(　　).

A. 5 个月　　　B. 1 个月　　　C. 2 个月

D. 6 个月　　　E. 4 个月

解　一瓶养护液可用 $\frac{150}{1.25}$ 天,即 $150 \times \frac{4}{5}$ = 120(天),或者说约 4 个月.　　(　E　)

13. 有一幢多层办公楼,每层地面皆呈矩形:长 35 m,宽 16 m. 若各层地面的总和为 5 600 m²,问该楼共有几层?(　　).

A. 10 层　　　B. 8 层　　　C. 14 层

D. 9 层　　　E. 7 层

解　每层的面积为(35×16) m²,即 560 m². 为使总面积达到 5 600 m²,共需 10 层.　　(　A　)

14. 我的汽车的码表上的读数总是比实际行驶速度高出10%,当我的码表的读数是100 km/h 时,我的汽车实际的速度是每小时多少千米?( ).

A. $91\dfrac{1}{11}$ km/h   B. 110 km/h   C. 90 km/h

D. $11\dfrac{1}{9}$ km/h   E. $90\dfrac{10}{11}$ km/h

解 码表上的读数为实际速度的 $\left(1+\dfrac{10}{100}\right)$ 倍,即 1.1 倍. 如果码表读数为 100 km/h,则实际速度为 $\dfrac{100}{1.1}$ km/h,即 $\dfrac{1\,000}{11}$ km/h,即 $90\dfrac{10}{11}$ km/h. (E)

15. 猪圈中的饲料足够供 14 头猪吃 16 天,问这些饲料供 8 头猪可吃多少天?( ).

A. 28 天   B. 16 天   C. 26 天

D. $\dfrac{64}{7}$ 天   E. $\dfrac{160}{7}$ 天

解 如果只有 8 头猪,饲料可以吃 $16\times\dfrac{14}{8}=28$(天). (A)

16. 等式 $\dfrac{2}{15}=\dfrac{1}{8}+\dfrac{1}{x}$ 中 x 的值为( ).

A. $\dfrac{15}{8}$ B. $\dfrac{1}{7}$ C. 7

D. $\dfrac{120}{31}$ E. 120

解 $\dfrac{2}{15}=\dfrac{1}{8}+\dfrac{1}{x}$,因此 $\dfrac{1}{x}=\dfrac{2}{15}-\dfrac{1}{8}=\dfrac{16-15}{120}=\dfrac{1}{120}$,即 $x=120$. (E)

17. 如图4,一个矩形棱柱的三个相邻的面的面积分别是 $6\ cm^2$, $8\ cm^2$ 和 $12\ cm^2$. 该棱柱的体积等于( ).

A. $24\ cm^3$ B. $26\ cm^3$ C. $48\ cm^3$

D. $52\ cm^3$ E. $576\ cm^3$

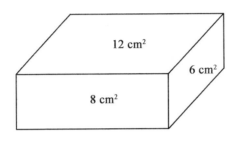

图 4

解 设图4中矩形棱柱的长、宽和高分别为 a cm, b cm 和 c cm. 因此 $a \cdot b = 12, b \cdot c = 6, a \cdot c = 8$.

那么,$(a \cdot b)(b \cdot c)(a \cdot c) = 12 \cdot 6 \cdot 8 = (2^2 \cdot 3)(2 \cdot 3)(2^3)$,于是 $a^2 b^2 c^2 = 2^6 \cdot 3^2 = (2^3 \cdot 3)^2$,$(abc)^2 = (24)^2$.

因为体积是正的,所以体积等于 $24\ cm^3$. (A)

18. 玛丽在这个学期已参加了 10 次测验,她的平均分为 68 分. 为了使平均分提高到 70 分,她在最后一次测验时必须得到多少分?( ).

A. 70 分 B. 72 分 C. 78 分

D. 88 分 E. 90 分

解 玛丽在 10 次测验中的总分是 $68 \times 10 = 680$(分). 如果在 11 次测验中平均分是 70 分,则这 11 次测验的总分是 770. 这样在第 11 次测验中她必须得

7

到 $770 - 680 = 90$(分). (E)

19. 一种混合液体由2份橄榄油和3份醋兑成. 若向这种混合液体中兑入橄榄油,使得所得溶液中橄榄油与醋的含量相等,那么原混合液和所需兑入的橄榄油之比为( ).

A. 5 : 1　　　B. 4 : 1　　　C. 3 : 1

D. 2 : 1　　　E. 1 : 1

解　假设$5x$体积单位的混合液体和$5y$体积单位的橄榄油混合成所要求的溶液.

原来的混合液体含有$2x$体积单位的橄榄油和$3x$体积单位的醋. 我们有

$$3x = 2x + 5y$$

即　　　　　　　　$x = 5y$

所以$\dfrac{x}{y} = \dfrac{5}{1}$,即按$5:1$的比例是符合要求的.

(A)

20. 在我住的街道,沿街房子的门牌号码是这样排列的:在街道一侧从1开始,依次用相继的奇数排列;另一侧则用偶数. 我的房子是137号,如果从这条街的另一端开始排号,我的房子则是85号. 我住的街道的这一侧有多少幢房子?( ).

A. 112 幢　　　B. 222 幢　　　C. 111 幢

D. 220 幢　　　E. 110 幢

解　在我的住房的一侧的一端的房子数为$\dfrac{137-1}{2} = \dfrac{136}{2} = 68$(幢). 在我的住房一侧的另一端

的房子数为 $\frac{85-1}{2} = \frac{84}{2} = 42$(幢). 所以在我们住的街道这一侧,包括我自己的房子在内共有 $68 + 1 + 42 = 111$(幢).   (C)

21. 除以6余1,除以11余6的最小正整数所在的区域是(　　).

　　A. 115 至 120　　B. 90 至 95　　C. 125 至 130
　　D. 60 至 65　　E. 35 至 40

解 被6除余1的数有1,7,13,19,25,31,37,43,49,55,61,…,被11除余6的数有6,17,28,39,50,61,…,两数列中共有的最小的数是61.   (D)

22. 被定罪流放到新南威尔士(New South Wales)的罪犯,在1787到1788年分别乘坐在"第一船队"的六艘船上,向流放地驶去. 这六艘船的名字是:亚历山大号(Alexander)、夏洛特号(Charlotte)、友谊号(Friendship)、彭林夫人号(Lady Penrhyn)、威尔士亲王号(Prince of Wales)和斯卡伯勒号(Scarborough).

　　夏洛特号与彭林夫人号上的犯人数目的和等于亚历山大号上的犯人数目.

　　亚历山大号比斯卡伯勒号多一名犯人,彭林夫人号比夏洛特号少运5名犯人,如果友谊号多运5名犯人,则它运的犯人数是威尔士亲王号上犯人数的两倍,彭林夫人号比友谊号多运8名犯人,威尔士亲王号运送了50名犯人. 斯卡伯勒号上的犯人数是(　　).

　　A. 60 名　　B. 210 名　　C. 108 名
　　D. 211 名　　E. 61 名

解 用各船名称的首字母代表各船,我们有

$$C + L = A \quad (1)$$
$$A = S + 1 \quad (2)$$
$$L = C - 5 \quad (3)$$
$$F + 5 = 2P \quad (4)$$
$$L = F + 8 \quad (5)$$
$$P = 50 \quad (6)$$

于是

$(6) \Rightarrow P = 50, (4) \Rightarrow F = 95$
$(5) \Rightarrow L = 103, (3) \Rightarrow C = 108$
$(1) \Rightarrow A = 211, (2) \Rightarrow S = 210 \quad (\ B\ )$

23. 在一个悬空的立方体的每个面上有一只蚂蚁. 每只蚂蚁都在自己的面上沿着四条边转圈爬行. 立方体的一条边被称为逆行边,是指两只蚂蚁沿着它爬行时的方向是相反的. 在图 5 中 PQ 是逆行边,而 PR 就不是. 问逆行边至少有几条?( ).

A. 2 条   B. 3 条   C. 4 条
D. 5 条   E. 6 条

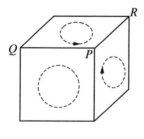

图 5

解 对(蚂蚁爬行的)各路线所形成的任一种格

局,立方体的顶点可分为两种类型:

(1) 经顶点有一条非逆行边:由图 5 可知,此时该顶点处必定正好有两条非逆行边.

(2) 经该顶点的三条边全是逆行边.

假定在某种格局下,有 r 个(2)型顶点,则该立方体的逆行边的数目为

$$\frac{1}{2}(3r + 8 - r) = 4 + r \geq 4$$

(式中需乘 $\frac{1}{2}$ 是因为每条逆行边被算过两次)

显然,当 $r = 0$ 时上式达到最小值,即每个顶点都是(1)型的. 这种格局是可能的. 例如可以这样安排蚂蚁的爬行路线,使得从正方体内部看,上、下两面按顺时针方向爬,其他四个面按逆时针方向爬(图6).

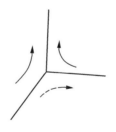

图 6   (C)

24. 一列慢车上午 9:17 由堪培拉(Canberra)发车,中午 12:02 到达古尔本(Goulburn). 同一天,快车上午 9:56 从堪培拉发车,上午 11:36 就到了古尔本,假设两列车以匀速行进,何时快车赶上慢车?(　　).

A. 上午 10:37　　B. 上午 10:46　　C. 上午 10:56

D. 上午 11:03   E. 上午 10:50

解 设到古尔本的距离为 d 个长度单位. 设 t 是慢车在被快车赶上时已走的分钟数,则

$$慢车速度 = \frac{d}{165} 单位/分$$

$$快车速度 = \frac{d}{100} 单位/分$$

当它们相遇时走过了相同的距离,所以

$$\frac{dt}{165} = \frac{d(t-39)}{100}$$

因此 $100t = 165t - 165 \times 39$

即 $65t = 165 \times 39$

于是 $t = \dfrac{165 \times 39}{65} = 99$

由 9:17 发车经 1 h39 min 为 10:56.   (C)

25. 在一天中有几次时钟的两个指针形成直角?( ).

A. 46   B. 22   C. 24

D. 44   E. 48

解 注意时钟的两个指针每次交会必经过了两次形成直角的状态,在半天中它们交会 11 次. 因此一天中它们形成直角的次数是 44.   (D)

26. 如图 7,在 △PQR 中,T 是 PQ 上的一点,使得 PT 的长度是 TQ 的两倍;U 是 QR 上的一点,使得 QU 为 UR 的两倍. 若 $S_{\triangle PQR} = 90 \text{ cm}^2$,那么,$S_{\triangle PTU}$ 为( ).

第1章 1985年试题

A. 40 cm^2 B. 22$\frac{1}{2}$cm^2 C. 45 cm^2

D. 30 cm^2 E. 36 cm^2

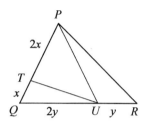

图7

解 首先考虑 △PQU 和 △PUR，它们具有相同的高（从它们的底到 P）. $S_{\triangle PQU} = 2 \times S_{\triangle PUR}$，因为 △PQU 的底 = 2 × △PUR 的底，那么，$S_{\triangle PQU} = \frac{2}{3} \times S_{\triangle PQR} = 60$ cm^2.

类似地，△UPT 和 △UTQ 具有相同的高，而 △UPT 的底 = 2 × △UTQ 的底.

因此，$S_{\triangle UPT} = \frac{2}{3} \times S_{\triangle UPQ} = \frac{2}{3} \times 60$ cm^2 = 40 cm^2.

(A)

27. 彼得（Peter）和洛伊丝（Lois）搭乘袋熊（Wombat）航空公司的飞机从阿德莱德（Adelaide）飞往甘比尔山（Mount Gambier），因为他们的行李超出了航空公司规定的质量，所以要求他们支付附加费. 航空公司收费的方法是对超出规定的质量每公斤收取相同的费用. 彼得付了60澳元，洛伊丝付了100澳元. 他们一共有52 kg的行李.如果彼得自己带着两人的全部行李走,他将必须付出340澳元.每人最多可带的、不需付附加费的行李的公斤数是( ).

A. 20 kg　　　　B. 15 kg　　　　C. 12 kg
D. 18 kg　　　　E. 30 kg

解　设每人可携带免费运送的行李 x kg. 设超出部分的行李每公斤加收 y 澳元. 如果彼得和洛伊丝一同旅行,则有 $60 + 100 = 160 =$ 全部费用 $=$(免费行李公斤数)×(免费行李单价)+(超重行李公斤数)×(每公斤超重行李的附加费) $= 2x \times 0 + (52 - 2x)y$.

类似地,如果彼得独自走,我们可得出
$$340 = x \times 0 + (52 - x)y$$

因此有
$$y = \frac{160}{52 - 2x} = \frac{340}{52 - x}$$

于是　　$160(52 - x) = 340(52 - 2x)$

即　　$160 \times 52 - 160x = 340 \times 52 - 680x$

故　　$x = \dfrac{(340 - 160) \times 52}{680 - 160} = \dfrac{180 \times 52}{520} = 18$

(D)

28. 有几种方式能将75表示为 $n(n \geq 2)$ 个相继正整数之和?( ).

A. 0 种　　　　B. 1 种　　　　C. 3 种
D. 5 种　　　　E. 6 种

解　设满足条件的每列相继的数中的第一个数和最后一个数分别为 f 和 l. 那么
　　　75 =（数列中数的个数）×（平均数）

第1章 1985年试题

$$= n\left(\frac{f+l}{2}\right)$$

即 $$150 = n(f+l)$$

n, f, l 都是整数,故 n 必除得尽 $150 = 2 \times 3 \times 5^2$. 于是仅有的可能是 $n = 2, 3, 5, 6, 10, 15, \cdots$ 现在来列举各种可能的情形(表1):

表1

n	$f+l$	和
2	75	$75 = 37 + 38$
3	50	$75 = 24 + 25 + 26$
5	30	$75 = 13 + 14 + 15 + 16 + 17$
6	25	$75 = 10 + 11 + 12 + 13 + 14 + 15$
10	15	$75 = 3 + 4 + 5 + \cdots + 11 + 12$

对于 $n = 15$ 或更大的值,数列中最小的值必定是负的,因为诸如 $n = 15$ 时,其平均值(即中间的数)必须是5,这不符合条件. 所以只有5种可能的 n 值.

(D)

第 2 章 1986 年试题

1. 2 × 0.4 等于(   ).

A. 8　　　　　B. 0.6　　　　　C. 0.24

D. 0.8　　　　E. 0.08

解　2 × 0.4 = 0.8.　　　　　　　(D)

2. 1.2 + 2.4 + 4.8 等于(   ).

A. 8.16　　　B. 7.14　　　　C. 8.4

D. 16.8　　　E. 8.64

解　1.2 + 2.4 + 4.8 = 8.4.　　　　(C)

3. 15 − (9 ÷ 3) = (   ).

A. 2　　　　　B. 8　　　　　　C. 12

D. 5　　　　　E. $14\frac{2}{3}$

解　15 − (9 ÷ 3) = 15 − 3 = 12.　　(C)

4. 在图 1 中, x 等于(   ).

A. 107　　　B. 97　　　　C. 83

D. 93　　　　E. 87

第2章　1986年试题

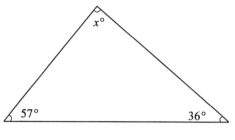

图1

解　$x = 180 - (57 + 36) = 180 - 93 = 87$.

（ E ）

5. $2\dfrac{2}{3} + 1\dfrac{1}{2}$ 等于(　　).

A. $3\dfrac{5}{6}$　　　　B. $4\dfrac{1}{6}$　　　　C. $3\dfrac{1}{6}$

D. $4\dfrac{1}{3}$　　　　E. $3\dfrac{3}{5}$

解　$2\dfrac{2}{3} + 1\dfrac{1}{2} = 3 + \left(\dfrac{2}{3} + \dfrac{1}{2}\right) = 3 + \dfrac{1}{6}(4+3) = 3 + 1\dfrac{1}{6} = 4\dfrac{1}{6}$.

（ B ）

6. 用数字 1,2,3,4 且每个数字只许用一次组成四位数,所有这种四位数的和是(　　).

A. 66 660　　B. 11 110　　C. 9 999

D. 33 330　　E. 5 555

解　我们可以将每个数字在每一位上出现一次的数中的四个数加起来,如

$$1\ 234 + 2\ 341 + 3\ 412 + 4\ 123 = 11\ 110$$

17

但这只是加这样的 4 个数的 6 种可能的情形之一. 因此总和是 $6 \times 11\,110 = 66\,660$. （ A ）

7. 在图 2 中, x 的值是（ ）.

A. 35　　B. 80　　C. 75

D. 40　　E. 45

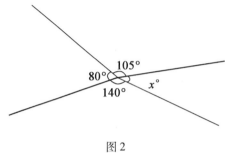

图 2

解　$x = 360 - (105 + 80 + 140) = 360 - 325 = 35.$ 　　　　（ A ）

8. 当图 3 中按虚线折成一个立方体时,标为 U 的面所对的面的标记为（ ）.

A. P　　B. Q　　C. R

D. S　　E. T

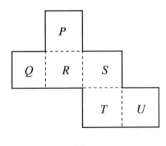

图 3

第2章 1986年试题

解 当我们把顶面为 U 的立方体打开时,U 被移至距底面两个边长的位置上. 因此所求的面为 R.

(C)

9. 下列数中,哪个是第二大的?( ).

A. $\dfrac{1}{3}$ B. $\dfrac{5}{12}$ C. $\dfrac{2}{5}$

D. $\dfrac{7}{20}$ E. $\dfrac{3}{10}$

解 将这些分数表成分母相同的形式,写成

$$\dfrac{20}{60},\dfrac{25}{60},\dfrac{24}{60},\dfrac{21}{60},\dfrac{18}{60}$$

第二大的数为 $\dfrac{24}{60}$,即 $\dfrac{2}{5}$.

(C)

10. 如图4,两矩形重合的部分为一小矩形,试求出阴影部分的面积是( ).

A. 25.5 m²   B. 27 m²   C. 24 m²

D. 26.5 m²   E. 28.5 m²

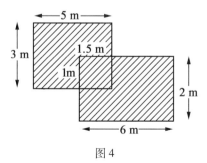

图4

解 阴影部分的面积

= 两个大矩形的面积之和减去重合部分的矩形的面积

$= (5 \times 3) + (6 \times 2) - (1 \times 1.5)$

$= 15 + 12 - 1.5$

$= 25.5 (m^2)$ （ A ）

11. 1 000 000 s 大约为（   ）．

A．3 天　　　　B．12 天　　　　C．3 个月

D．1 年　　　　E．2 年

解 我们有

$$1\,000\,000 = \frac{10 \times 10 \times 10 \times 10 \times 10 \times 10}{24 \times 60 \times 60}$$

$$= \frac{10\,000}{24 \times 6 \times 6}$$

$$\approx \frac{10\,000}{900}(\text{天})$$

即比 11 天多一些． （ B ）

12. 若 $\frac{1}{x} = \frac{2}{5} + \frac{5}{2}$，则 x 的值是（   ）．

A．$\frac{10}{29}$　　　　B．$\frac{29}{10}$　　　　C．$\frac{7}{10}$

D．1　　　　E．$\frac{10}{7}$

解 注意 $\frac{1}{x} = \frac{2}{5} + \frac{5}{2} = \frac{4+25}{10} = \frac{29}{10}$，所以 $x = \frac{10}{29}$． （ A ）

13. 将边长为 1 m × 1 m 的硬纸板切成边长为 1 mm 的小方块,然后将它们边靠边地排起来,问它们可排成多长?( ).

A. 100 m　　　B. 10 m　　　C. 1 000 000 m

D. 1 000 m　　E. 10 000 m

解法 1　纸板可以看成 1 000 条 1 mm 宽,1 m 长的纸带,将它们一条一条接起来长为 1 000 m.

解法 2　边长 1 mm 的正方形的个数是 1 000 × 1 000 = 1 000 000. 每个的长度为 1 mm. 将它们一个接一个地排起来的长度为(1 000 000 × 1)mm,即 1 000 m.

(D)

14. 学校中有 30 个男孩和 20 个女孩参加竞赛. 男孩中的 10% 和女孩中的 20% 得奖. 全部参赛者中得奖人所占的百分数是( ).

A. 15%　　　B. 30%　　　C. 14%

D. 16%　　　E. 7%

解　全部男孩中得奖的是 30 的 10%,即 3 个. 全部女孩中得奖的是 20 的 20%,即 4 人. 所以全部学生中得奖者为 7 人,7 人在全部 50 人中占 14%. 　(C)

15. 如图 5,三个角分别为 a, b 和 x. 总能给出 x 的正确值的表达式是( ).

A. $180 - a - b$　　B. $90 + a + b$　　C. $360 - a - b$

D. $a + b$　　E. $180 + a + b$

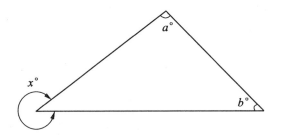

图5

解 三角形的内角和等于180°. 于是 $(360 - x) + a + b = 180$, 即 $x = 360 + a + b - 180 = 180 + a + b$.   (E)

16. 1790年4月12日, 在悉尼(Sydney)居住的移民还余有10 840 kg的配给猪肉. 预计要用这些猪肉供590人食用至1790年8月26日. 每人每日的猪肉配给量最接近于( ).

  A. 125 g   B. 0.125 g   C. 875 g

  D. 12.5 g   E. 600 g

解 所涉及的天数 $= (30 - 12) + 31 + 30 + 31 + 26 = 136$.

这样每人每日平均有

$$\frac{10\,840 \times 1\,000}{136 \times 590} = \frac{10\,840}{590} \times \frac{1\,000}{136} \approx 18.3 \times 7 \approx 128.1$$

即最接近125 g.   (A)

17. 一件雕塑品由三个大立方体组成, 一个叠一个, 没有悬空的部分(图6), 安放在墨尔本

(Melbourne)市中心后,它暴露在外的表面将漆成淡黄色.最大的立方体平放在地上,每边长 3 m.其他两个的边长分别是 2 m 和 1 m. 油漆的用量是每平方米 1 罐. 共需要油漆为( ).

A. 36 罐　　　B. 65 罐　　　C. 70 罐
D. 74 罐　　　E. 75 罐

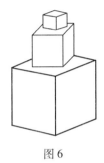

图 6

解　被漆的表面的平方米数是 5×1^2(顶上的立方体暴露在外的 5 个面)加 $(5\times2^2)-1^2$(中间的立方体)加 $(5\times3^2)-2^2$(底层的立方体),即 $5+19+41=65$(罐). 　　　　　　　　　　　　(B)

18. 设 m 和 n 为正整数. 试问使得 $2\,940m=n^2$ 成立的最小的 m 是多少?( ).

A. 2 940　　　B. 60　　　C. 15
D. 210　　　E. 9

解　注意 $2\,940=2^2\times3\times5\times7^2$. 我们至少必须将 2 940 乘上一个 3 的一次幂和一个 5 的一次幂才能使之成为一个完全平方数. 这就是说 2 940 至少要乘

上15. (C)

19. 我的自行车车轮的直径是 69 cm. 我骑车上学,家离学校 8 km. 下列各数中,哪个最接近我从家骑车到学校单个自行车轮转的圈数?( ).

A. 4 000 圈   B. 6 000 圈   C. 16 000 圈
D. 2 000 圈   E. 8 000 圈

解 当轮子的直径是 69 cm 时,它的周长应是 69π cm,或 $\left(\dfrac{69}{100}\right)\pi$ m. 因行程是 8 km,即 8 000 m,所以轮子转的圈数是 $\dfrac{8\,000 \times 100}{69\pi} \approx \dfrac{8\,000 \times 100}{200} = 4\,000$.

(A)

20. 用四个数字 1,9,8,6 来写出两个数,每个数字只许用一次,所写出的数可以是一位数,两位数或三位数. 这样的两个数最大可能的乘积是( ).

A. 7 776   B. 7 688   C. 7 749
D. 7 826   E. 9 861

解 得到的乘积可以是两个两位数之积或是一个三位数和一个一位数之积. 在后一情形,有四种可能性,即将三位数字按从大到小递减排列,有

$$1 \times 986 = 986,\ 6 \times 981 = 5\,886$$
$$8 \times 961 = 7\,688,\ 9 \times 861 = 7\,749$$

其中最大的是 7 749. 在前一情形,仍将数字按从大到小递减排列,可能的情形有

$98 \times 61 = 5\,978, 96 \times 81 = 7\,776, 91 \times 86 = 7\,826$ 其中最大者是最后一个,即 $7\,826$. (D)

21. 如图 7 所示,有一道南北向的篱笆. 一只鸟位于篱笆上的 P 处,它先朝北飞了 1 km,然后朝西飞了 2 km,再朝北飞了 $\frac{1}{2}$ km. 最后它朝东南飞过篱笆. 那么它飞越篱笆瞬间的位置在(   ).

    A. P 处   B. P 向南 $\frac{1}{2}$ km 处

    C. P 向北 $\frac{1}{2}$ km 处   D. P 向南 1 km 处

    E. P 向北 $2\frac{1}{2}$ km 处

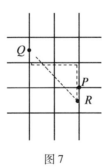

图 7

解 这只鸟在前三次飞行后已到达 Q,相当于向北飞 $1\frac{1}{2}$ km 又向西飞 2 km. 在朝东南方向飞行时,每向东移动 1 km 必同时向南移动 1 km. 当鸟飞到南北向的篱笆上的点 R 时,它离 Q 向东移动了 2 km,故也向南移动了 2 km. 由于从南北方向看,Q 只在 P 的北方 $1\frac{1}{2}$ km 处,所以点 R 在 P 的南边 $\frac{1}{2}$ km 处.（ B ）

22. 某市 1983 年底统计 10 年平均降雨量为 631 mm. 一年后再统计 10 年平均降雨量为 601 mm,1984 年当年的降雨量是 450 mm. 1974 年降雨量是多少?（　　）.

A. 750 mm　　　B. 616 mm　　　C. 1 232 mm

D. 30 mm　　　E. 480 mm

解法 1　利用 10 年的平均降雨量可得总降雨量. 我们有如下信息:

$$
\begin{array}{lll}
1974,1975,1976,\cdots,1983 & 6\ 310 & (1) \\
\qquad\qquad\qquad 1984 & 450 & (2) \\
1975,1976,\cdots,1983,1984 & 6\ 010 & (3)
\end{array}
$$

比较 (2) 和 (3),1975 年至 1983 年的降雨量是 $6\ 010 - 450 = 5\ 560$. 将此结果与 (1) 比较,1974 年的降雨量为 $6\ 310 - 5\ 560 = 750$.

解法 2　设 1974 年降雨量为 x mm. 设 1975 年至 1983 年全部降雨量为 y mm,于是有

$$631 = \frac{1}{10}(x + y)\text{（到 1983 年的 10 年平均降雨量）}$$

(1)

$$601 = \frac{1}{10}(y + 450)\text{（到 1984 年的 10 年平均降雨量）}$$

(2)

由(2)可得 $y = 6010 - 450 = 5560$. 由(1)得 $x = 6310 - y = 6310 - 5560 = 750$.   (A)

23. 从布里斯班(Brisbane)开往图文巴(Towoomba)的列车在每个整点发车. 从图文巴开往布里斯班的列车也是每逢整点发车, 两个方向的行驶时间都是 3 h 45 min. 如果你坐上中午 12 点从图文巴开往布里斯班的火车, 在旅途中将有几列开往图文巴的列车从你的列车旁边经过?(   ).

A. 3 列　　　　B. 4 列　　　　C. 5 列
D. 6 列　　　　E. 7 列

解　当你离开图文巴时, 有 3 列从布里斯班开来的列车正在路线上行驶, 另有 1 列车正从布里斯班开出, 总共是 4 列. 在你的 $3\frac{3}{4}$ h 的行程中, 又会有三列火车开出布里斯班, 所以一共有 7 列火车从你的列车旁驶过.　　　　　　　　　　(E)

24. 从一个盛满了橙汁的 5 L 容器中倒出去 2 L, 再向容器中加水充满搅匀. 然后再从中取出 2 L 混和液, 并再次用水充满容器. 最后的混合液中橙汁所占的百分数是多少?(   ).

A. 27%　　　　B. 25%　　　　C. 30%
D. 36%　　　　E. 24%

解　第一次倒出 2 L 橙汁后, 剩下 3 L 橙汁. 第二次倒出 3 L 的 $\frac{2}{5}$，即 $1\frac{1}{5}$ L 被倒出．所以最后的混合液中含有 $3 - 1\frac{1}{5} = 1\frac{4}{5}$(L) 的橙汁．因此最后的混合液橙汁占的百分数为 $\frac{\frac{9}{5}}{5} \times 100\% = \frac{900}{25}\% = 36\%$.

(D)

25. 一位零售商的收款台的抽屉中，只剩下 7 个 50 分和 15 个 20 分的硬币．如果要付 3.40 澳元的找零，那么有多少种付法？( )．

A. 4 种　　　　B. 2 种　　　　C. 3 种

D. 5 种　　　　E. 10 种

解　用奇数枚 50 分硬币支付时，将留下无法用 20 分硬币来补足的余额，同时因为只剩 15 个 20 分硬币，所以找钱时又必须用到 50 分硬币．因此只有 3 种分别 2 枚，4 枚和 6 枚 50 分硬币的找钱方法．

(C)

26. 在一次有 20 个学生参加的聚会中，玛丽 (Mary) 和七个男孩跳了舞．珍 (Jane) 和八个男孩跳了舞，梅布尔 (Mabel) 和九个男孩跳了舞，等等．直到最后一个女孩内利 (Nellie)，她和所有男孩跳了舞．聚会中男孩有 ( )．

A. 11 个　　　　B. 12 个　　　　C. 13 个

D. 14 个　　　　E. 15 个

解 内利和所有男孩跳过舞. 设有 x 个女孩, 内利是第 x 个女孩, 与 $x+6$ 个舞伴跳过舞. 因此 $x+(x+6)=20$, 即 $x=7$. 所以有 13 个男孩. (C)

27. 我步行的速度是 4 km/h, 跑的速度是 6 km/h. 我发现从家里跑到车站比步行要少用 $3\frac{3}{4}$ min, 从我家到车站的距离是( ).

A. $1\frac{1}{4}$　　　B. $3\frac{3}{4}$　　　C. $7\frac{1}{2}$

D. $\frac{3}{4}$　　　E. 不能确定

解法 1 举例来说, 我在 60 min 中可以跑 6 km, 而步行的话需 90 min. 因此跑步按 6 km 计算可以节省 30 min, 或者说是跑 $\frac{6}{30}=\frac{1}{5}$(km) 就节省 1 min. 为了节省 $3\frac{3}{4}$ min. 我必须跑 $3\frac{3}{4}\times\frac{1}{5}=\frac{3}{4}$(km).

解法 2 设我家到车站的距离是 x km, 则 $\frac{15x}{60}=\frac{10x}{60}+\frac{3\frac{3}{4}}{60}$, 即 $\frac{x}{4}=\frac{x}{6}+\frac{3\frac{3}{4}}{60}$, 即 $5x=3\frac{3}{4}$, 故 $x=\frac{15}{4}\times\frac{1}{5}=\frac{3}{4}$. (D)

28. 我们定义 $n!=n(n-1)(n-2)\times\cdots\times3\times2\times1$, 例如 $4!=4\times3\times2\times1$. $(10!)(18!)$ 和 $(12!)(17!)$ 的最小公倍数是( ).

A. $\frac{(18!)(12!)}{6!}$　　　B. $(18!)(17!)$

C. $\dfrac{(12!)(18!)}{3!}$ D. $(12!)(18!)$

E. $\dfrac{(18!)(17!)}{6!}$

解 一个公倍数是 $x = (12!)(18!)$，那么
$x = 11 \times 12 \times (10!)(18!) = 6 \times 22 \times (10!)(18!)$
同时 $x = 18 \times (12!)(17!) = 6 \times 3 \times (12!)(17!)$.

因为 6，即 $3!$ 是两式的公因子，所以

$$\dfrac{x}{6} = \dfrac{(12!)(18!)}{3!}$$

是所求的最小公倍数.   (C)

29. 有四根木料，其长度在图8上标明. 它们按图中的方式平行地摆放. 我们沿着与木料垂直的方向 L 切割它们，使得 L 左右两边的木料的总长度相等. 那么最上面那根木料在 L 左方的部分的长度为(　　).

A. 4.25 m   B. 3.5 m   C. 4 m

D. 3.75 m   E. 3.25 m

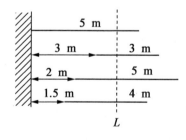

图8

解 如图9所示，设 x 是所求的长度. 则有第1根：在 L 左方的长为 x，在右方的长为 $5-x$；第2根：在

L 左方为 $x-3$,右方为 $3-(x-3)$;第 3 根:L 左方为 $x-2$,右方为 $5-(x-2)$;第 4 根:L 左方为 $x-1\frac{1}{2}$,右方为 $4-(x-1\frac{1}{2})$.

因此左边的总长度为 $4x-6\frac{1}{2}$.而右边的总长度是 $23\frac{1}{2}-4x$.因为左、右的长度必须相等,即 $4x-6\frac{1}{2}=23\frac{1}{2}-4x$,即 $8x=30$,故 $x=3.75$. (D)

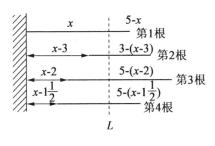

图 9

30. 五个圆如图 10 所示连接起来. 现在用三种不同颜色将每个圆涂上一种颜色,且相连接的两个圆不可以涂同一种颜色. 问可以得到多少种不同的颜色模式?(　　).

　　A. 32 种　　　B. 144 种　　　C. 72 种
　　D. 36 种　　　E. 48 种

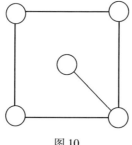

图 10

解 如图 11,给各圆标上字母. P 的颜色有三种选择,于是 Q 和 S 各有两种选择. 此时会出现两种情况:

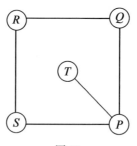

图 11

情况 1 Q 与 S 有相同的颜色,则全部的选择数为

$$\underbrace{3}_{P} \times \underbrace{2}_{Q} \times \underbrace{1}_{S} \times \underbrace{2}_{R} \times \underbrace{2}_{T} = 24$$

情况 2 Q 与 S 有不同的颜色,则全部的选择数为

$$\underbrace{3}_{P} \times \underbrace{2 \times 1}_{Q,S} \times \underbrace{1}_{R} \times \underbrace{2}_{T} = 12$$

总计的选择数为 $24 + 12 = 36$. (D)

第 3 章 1987 年试题

1. 36 − 25 等于(   ).

A. 9   B. 11   C. 19

D. − 9   E. 61

解 36 − 25 = 11.   (B)

2. $24 \times \dfrac{3}{4}$ 等于(   ).

A. 16   B. 18   C. 20

D. 12   E. 14

解 $24 \times \dfrac{3}{4} = \dfrac{1}{4}(24 \times 3) = 18.$ (B)

3. 在图 1 中，$\angle QPR$ 等于(   ).

A. 50°   B. 70°   C. 80°

D. 40°   E. 30°

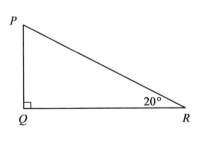

图 1

解 因为三角形的内角和等于 180°，故

$\angle QPR = 180° - 90° - 20° = 70°.$　　　　(B)

4. $5.8 - 3.81$ 等于(　).

A. 2.01　　　B. 1.01　　　C. 1.99

D. 2.99　　　E. 2.09

解　$5.8 - 3.81 = 5.8 - (3.8 + 0.01) = 5.8 - 3.8 - 0.01 = 2 - 0.01 = 1.99.$　　(C)

5. $\dfrac{2 \times 5 \times 8 \times 12}{3 \times 4 \times 15}$ 等于(　).

A. $\dfrac{8}{3}$　　　B. $\dfrac{4}{3}$　　　C. $\dfrac{16}{3}$

D. $\dfrac{10}{3}$　　　E. 1

解　$\dfrac{2 \times 5 \times 8 \times 12}{3 \times 4 \times 15} = \dfrac{16}{3}.$　　(C)

6. $1 + \dfrac{3}{100} + \dfrac{1}{1000}$ 等于(　).

A. 1.31　　　B. 0.131　　　C. 1.031 1

D. 1.030 1　　　E. 1.031

解　$1 + \dfrac{3}{100} + \dfrac{1}{1\,000} = 1 + 0.03 + 0.001 = 1.031.$

　　　　　　　　　　　　　　　　　　(E)

7. 6 澳元的 20% 是(　).

A. 12 分　　　B. 20 分　　　C. 2 澳元

D. 120 澳元　　E. 1.20 澳元

解　6 澳元的 20% 是 $\dfrac{1}{5} \times 6 = 1.20$(澳元).

　　　　　　　　　　　　　　　　　　(E)

8. 如图2所示,图形的周长为(　).

A. 17 B. 72 C. 34
D. 51 E. 48

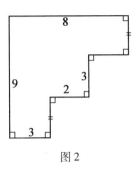

图2

解法1 周长等于一个 8×9 矩形的周长. 于是, 周长 $= (8+8+9+9) = 34$.

解法2 图中未标明长度的水平线段等于 $8-3-2=3$, 而未标明长度的垂直线段等于 $\frac{1}{2}(9-3) = 3$. 于是

$$周长 = (8+9+3+3+2+3+3+3)$$
$$= 34 \qquad\qquad (\ C \ )$$

9. $10 \div 0.02$ 等于( ).

A. 500 B. 200 C. 5
D. 0.2 E. 0.05

解 $10 \div 0.02 = \dfrac{1\,000}{2} = 500.$ (A)

10. 如果一场两个半小时的考试从上午 9:47 开始, 那么它应该在什么时间结束?( ).

A. 中午 12:17   B. 中午 12:47   C. 上午 11:17
D. 中午 12:07   E. 上午 11:37

解 考试应该在上午11:47后30 min时结束. 因为11:47到正午还有13 min, 故考试应在正午后30 − 13 = 17 (min) 结束, 即12:17. (A)

11. 下列各组数中, 按从大到小递增的顺序排列的一组是( ).

A. $\dfrac{5}{8}$, 0.603, 62%　　B. 62%, $\dfrac{5}{8}$, 0.603

C. 0.603, $\dfrac{5}{8}$, 62%　　D. 0.603, 62%, $\dfrac{5}{8}$

E. 62%, 0.603, $\dfrac{5}{8}$

解 62% = 0.620, $\dfrac{5}{8}$ = 0.625, 因此按从大到小递增排序应是 0.603, 62%, $\dfrac{5}{8}$.　　(D)

12. 在图3中, PQ 是一条直线. x 的值是( ).

A. 16　　B. 45　　C. 11
D. 27　　E. 9

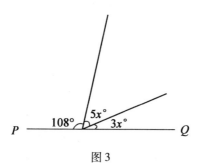

图3

解 $108+5x+3x=180$,因此 $8x=180-108=72$, $x=9$. (E)

13. $2-(1-(2-(1-(2-(1-2)))))$ 等于 ( ).

A. -3　　B. -6　　C. 3

D. 4　　E. 5

解 仔细地从最里边的括弧开始作计算

$2-(1-(2-(1-(2-(1-2)))))$
$=2-(1-(2-(1-(2-(-1)))))$
$=2-(1-(2-(1-(3))))$
$=2-(1-(2-(-2)))$
$=2-(1-4)$
$=2-(-3)$
$=5$　　(E)

14. 32 的所有正偶因子(包括 32 在内)的和是 ( ).

A. 60　　B. 63　　C. 54

D. 32　　E. 62

解 32 的正偶数因子为 2,4,8,16 和 32, 它们的和为 62. (E)

15. 图 4 是一个幻方,这意味着它的每行、每列以及对角线上的数之和是相同的,那么 N 的值为 ( ).

A. 13 　　　　B. 10 　　　　C. 17

D. 9 　　　　E. 14

16	N	
11		15
12		

图 4

解 第一列表示出每行、每列及对角线上的数字和必须等于 $16+11+12=39$. 因此中间一列位于中间的元素必等于 $39-11-15=13$. 位于右上角的元素在左下方到右上方的对角线上, 必为 $39-12-13=14$.

于是从上面一列可知 $N=39-16-14=9$.

(D)

16. 塔斯马尼亚(Tasmania)的面积为 $67\ 800\ \text{km}^2$, 世界人口是 $5\ 000\ 000\ 000$. 假定全部人口都移居到塔斯马尼亚. 下列哪个数最接近地表示每人平均占有的土地面积?( ).

A. $0.014\ \text{m}^2$ 　　B. $0.14\ \text{m}^2$ 　　C. $1.4\ \text{m}^2$

D. $14\ \text{m}^2$ 　　　E. $140\ \text{m}^2$

解 塔斯马尼亚的面积为 $(67\ 800\times 1\ 000^2)\ \text{m}^2$. 每人平均占有的面积为 $\dfrac{67\ 800\ 000\ 000}{5\ 000\ 000\ 000}=\dfrac{678}{50}$, 即约 $\dfrac{700}{50}$ 或 14.

(D)

17. 一个等边三角形的边长如图 5 所示. y 的值是（ ）.

A. 35   B. 5   C. 6
D. 9   E. 3

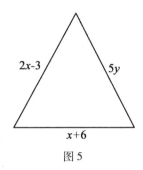

图 5

解 因为 $2x-3=x+6$，所以 $x=9$. 于是每边长度皆为 15. 因此 $5y=15$，故 $y=3$.　　　　（ E ）

18. 艾伦(Alan)、贝蒂(Betty)和卡西(Cathy)每人所有的钱数是相同的，贝蒂要给艾伦和卡西各多少钱使得艾伦比贝蒂多 5 澳元，卡西比艾伦少 1 澳元?（ ）.

A. 给艾伦 2 澳元，卡西 1 澳元

B. 给艾伦 5 澳元，卡西 4 澳元

C. 给艾伦 5 澳元，卡西 1 澳元

D. 给艾伦 5 澳元，不给卡西

E. 给艾伦 2.50 澳元，卡西 1.50 澳元

解 假定开始时每人有 x 澳元钱，贝蒂要给艾伦 y 澳元，给卡西 z 澳元. 于是贝蒂、艾伦和卡西的钱分别

为 $(x-y-z)$ 澳元, $(x+y)$ 澳元和 $(x+z)$ 澳元. 因此 $x+y=(x-y-z)+5$ 且 $x+z=(x+y)-1$. 将 $z=y-1$ 代入第一个方程得出

$$2y = 5 - (y-1)$$

即 $3y=6$, 亦即 $y=2$, 因而 $z=2-1=1$. (A)

19. 在有五个数的集合中, 前三个数的平均值为 15; 后两个数的平均值为 10. 则这五个数的平均值为 ( ).

A. 5 　　　　B. $8\frac{1}{3}$ 　　　　C. $12\frac{1}{2}$

D. 13 　　　　E. 25

解 前三个数加起来是 $15 \times 3 = 45$, 后两个数加起来是 $10 \times 2 = 20$. 于是五个数相加得 $45 + 20 = 65$, 它们的平均值是 $65 \div 5 = 13$. (D)

20. 在连续两个年度中, 每年干酪的价格都增长 10%. 在第一年初时干酪价格为 5 澳元/kg. 到第二年年底时, 10 澳元可买多少克干酪(精确到 10 g)? ( ).

A. 1 600 g 　　B. 2 400 g 　　C. 1 650 g

D. 1 670 g 　　E. 1 820 g

解 由于每年的增长率为 10%, 经过一年物价增长就要乘上因子 $(1+\frac{10}{100})=1.1$. 经过两年物价增长因子为 $1 \cdot (1.1)^2 = 1.21$. 开始时 1 kg 干酪的价格是

5 澳元. 在第二年年底 1 kg 的价格为 $5 \times 1.21 = 6.05$ 澳元.

这样用 10 澳元可买 $\dfrac{10}{6.05}$ kg 或 $\dfrac{10\,000}{6.05}$ g, 即 1 650 g(精确到 10 g). (C)

注 取 $\dfrac{10\,000}{6.05}$ 的近似值 $\dfrac{10\,000}{6} = 1\,666\dfrac{2}{3}$ 是不适当的. 这会导出错误, 即把计算两年通货膨胀的复利法变成简单的相加法, 给出的两年价格的增长仅为 20%.

21. $2 - 3 + 4 - 5 + 6 - 7 + \cdots - 99 + 100$ 的值是( ).

A. 49　　　　B. 50　　　　C. 51

D. 99　　　　E. 101

解

$$\begin{aligned}
& 2 - 3 + 4 - 5 + 6 - 7 + \cdots - 99 + 100 \\
=\ & 2 + (-3 + 4) + (-5 + 6) + \cdots + (-99 + 100) \\
=\ & 2 + \underbrace{1 + 1 + \cdots + 1}_{49\,\text{次}} \\
=\ & 51
\end{aligned}$$
 (C)

22. 校车在开出停车场时除了司机外只有一名小学生在车上. 然后在其他三个站接小学生上车, 并且没有学生在到达学校前下车. 在第一站他接了若干名小学生上车. 从第二站开始, 每站接上来的小学生是上一站上车学生的两倍. 这样当校车到达学校时, 车上有几名小学生?(   ).

   A. 27 名   B. 32 名   C. 35 名
   D. 43 名   E. 48 名

解 假如司机在第一个车站接了 x 名小学生,则到达学校时车上学生的总数为 $1 + x + 2x + 4x$,即 $1 + 7x$. 此数目是 1 加上 7 的某个倍数. 在所提供的几个选项中只有 43 是这种形式的.   (D)

23. 一个平面上的网格图形可以按网格线折成一个立体图形. 图 6 所示的立体图形是折自下列哪个平面网格图形的?(   ).

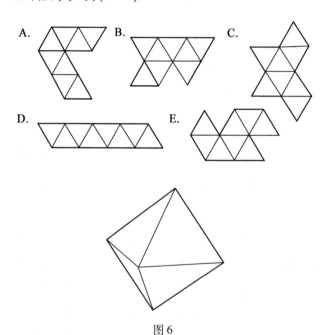

图 6

解 沿 PQ 折网格图(图7),可知能得到给定形状的立体图形. 点 R 和点 S 成为该立体的上端和下端的顶点.

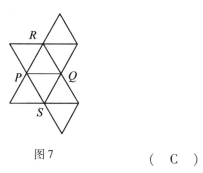

图7 (C)

注 A,B 和 E 可以排除在外,因为它们都会明显地折出一个与五个面邻接的顶点,而所给立体图形(正八面体)的每个顶点只连接 4 个面. 排除 D 的理由稍复杂些,但按图 8 为它标上字母后可加以说明.

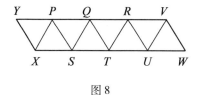

图8

P,Q,R,S,T 和 U 中的每个点都已经有 3 个连接面,所以它们可能分别对应于该正八面体的 6 个不同的顶点. 但是顶点 V 根本不可能和这些点中的任何一个相重;它显然是跟 R 和 U 相对的顶点,也不可能跟 P,Q,S 或 T 相重,因为这将带来两个新的连接面,而这就超出了所要求的4个值.

进一步说,假设由网格D折成了一个八面体,它的各个面按图9标上数字:

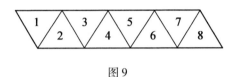

图9

你将发现,从面1出发,面1到面6都将占据唯一正当的位置,但面7必将与面1相叠,面8必将与面2相叠,这样就剩下两个空面.

24. 迈克尔(Michael)和苏珊(Susan)以同样的速度同时开始做计算.迈克尔从110起每次加2,即110,112,…,苏珊从953起每次减5,即953,948,943,…,他们同时说出的最接近的两个数的差是(　　).

A. 0　　　　B. 1　　　　C. 2

D. 3　　　　E. 4

解　他们的计算模式产生两个序列

$$110, 112, 114, \cdots, 110 + 2(n-1), \cdots$$
$$953, 948, 943, \cdots, 953 - 5(n-1), \cdots$$

要想让说出的数相同,需要n满足下式

$$110 + 2(n-1) = 953 - 5(n-1)$$

即

$$7n - 7 = 843$$
$$7n = 850$$

第3章 1987年试题

$$n = 121\frac{3}{7}$$

但 n 必须为整数,因此两人说出的数不会相同. 为确定最小的差需要研究 $n = 121$ 和 $n = 122$ 的情形

$n:121,122$

迈克尔的数:350,352

苏珊的数:353,348

两数之差:3,4

最小的差是3.   (D)

25. 一张信用卡号码中的14个数字写在图10的格子里. 假定任一组相邻的三个数字之和都是20,则 x 的值是( ).

			9				x				7		

图10

A. 3   B. 4   C. 5
D. 7   E. 9

解 如果任意相邻的3个数字之和都是20,这些数字必然会每隔3位循环地出现. 例如第1个数字必等于第4个数字,因第1,2和3这3个数字加起来是20,而第2,3和4这3个数字加起来也是20. 如果以 A,B,C 标记一个循环中的数字,则这张卡的号码可标记为

A B C A B C A B C A B C A B
        9   x 7

于是 $A=9, C=7$, 而 $B=x=20-9-7=4$. (B)

26. 罗德尼(Rodney)啮齿动物零售店卖豚鼠、小白鼠和大白鼠. 大白鼠的价格是小白鼠价格的两倍, 豚鼠的价格是大白鼠价格的两倍. 迈克尔(Michael)买了 3 只小白鼠, 5 只大白鼠和 7 只豚鼠. 罗达(Rhoda)买了 5 只小白鼠, 7 只大白鼠和 3 只豚鼠, 她的账单比迈克尔的少 13 澳元. 一只小白鼠卖多少钱? ( ).

A. 1.00 澳元　　B. 1.10 澳元　　C. 1.20 澳元

D. 1.30 澳元　　E. 1.40 澳元

解　设一只小白鼠的价格为 n 澳元, 则一只大白鼠的价格为 $2n$ 澳元, 一只豚鼠的价格为 $4n$ 澳元. 于是
$$3n + 5(2n) + 7(4n) = 5n + 7(2n) + 3(4n) + 13$$
即
$$41n = 31n + 13$$
亦即
$$10n = 13$$
故
$$n = 1.3 \qquad (D)$$

27. 有两支蜡烛, 其长度和粗细都不相同. 长的一支可点 7 h, 短的一支可点 10 h. 点了 4 h 后两支蜡烛一样长, 则短的蜡烛的长度除以长的蜡烛的长度得( ).

第3章　1987年试题

A. $\dfrac{7}{10}$　　B. $\dfrac{3}{5}$　　C. $\dfrac{4}{7}$

D. $\dfrac{5}{7}$　　E. $\dfrac{2}{3}$

解　设长蜡烛的长度为 x,短蜡烛的长度为 y. 4 h 后两支蜡烛长度分别为 $\dfrac{3x}{7}$ 和 $\dfrac{6y}{10}$,由此可得 $\dfrac{3x}{7} = \dfrac{6y}{10} = \dfrac{3y}{5}$,所以 $\dfrac{y}{x} = \dfrac{5}{7}$.　　　　　　(D)

28. 在由四位数字组成的正整数中有多少个满足下述条件:其四位数字都不是0又互不相同,且它们的和为12?( ).

A. 56　　B. 18　　C. 256

D. 24　　E. 48

解　必有一位数字是1,否则最小的可能的和是 $2+3+4+5=14$. 第二小的数字必是2,否则最小的可能的和是 $1+3+4+5=13$. 于是仅有的可能的组合是 $\{1,2,3,6\}$ 和 $\{1,2,4,5\}$. 每组可写出 4! 个,即 24 个数字顺序不同的四位数,共给出 48 个不同的数.

(E)

29. 三个数之和是88. 第一个数减去5,第二个数加上5,第三个数乘以5的结果都是相等的. 三个数中最小的数与最大的数之差是( ).

A. 10　　B. 27　　C. 28

D. 35　　E. 37

47

解 设三数为 x, y, z，则 $x - 5 = y + 5$，即 $y = x - 10$；且 $x - 5 = 5z$，即 $z = \dfrac{x-5}{5}$.

已知
$$x + y + z = 88$$

因此
$$x + (x - 10) + \dfrac{x-5}{5} = 88$$

即
$$5x + 5x - 50 + x - 5 = 440$$
$$11x = 495$$
$$x = 45$$

所以 $y = 35, z = 8$. 最大数减最小数为 $45 - 8 = 37$.

(E)

30. 由一排开关控制着一部时间机器，开关从左到右编号为 1 到 10. 在按下起始按钮前，每个开关必定置于 0 或 1. 第 n 个开关置于 1 时的作用是：当 n 为奇数时，使时间旅行者超前 2^{n-1} 年，当 n 为偶数时，使旅行者倒退 2^{n-1} 年. 当开关置于 0 时它不起作用. 当几个开关同时置于 1 时的联合作用是它们各自作用的和. 这组开关如何设置能使时间旅行者倒退 200 年，即回到 1787 年，那是"第一船队"启航的年份. (　　).

A. 0001001011　　B. 001001000

C. 0010001100　　D. 0001100010

E. 0010001011

解 首先我们注意
$$-200 = -128 - 64 - 8 = -2^7 - 2^6 - 2^3$$
但偶次方幂的系数必为 $+1$,而不是 -1. 这样利用 $2^6 = 2^7 - 2^6$ 可得
$$-200 = -2^7 - (2^7 - 2^6) - 2^3$$
$$= -2 \times 2^7 + 2^6 - 2^3 = -2^8 + 2^6 - 2^3$$
类似地,利用 $2^8 = 2^9 - 2^8$ 我们得到
$$-200 = -(2^9 - 2^8) + 2^6 - 2^3 = -2^9 + 2^8 + 2^6 - 2^3$$
$$= -2^{10-1} + 2^{9-1} + 2^{7-1} - 2^{4-1}$$
所以,开关 4,7,9,10 必须置于 1. (A)

注 我们也可将上面给出的 -200 的展开式考虑为以 -2 为底的一种表示,即由于
$$-200 = -2^9 + 2^8 + 2^6 - 2^3$$
则 $(-200)_{(-2)} = 1101001000$.

时间机器开关的设置可按这个式子来定,只要将顺序倒过来,即 0001001011.

第4章 1988年试题

1. 2 + 2.2 等于( ).

A. 4.84　　　B. 4.44　　　C. 4.4

D. 4.2　　　E. 2.4

解　2 + 2.2 = 4.2.　　　　　　　　(D)

2. 8 × (23 − 9)的值是( ).

A. 175　　　B. 96　　　C. 176

D. 256　　　E. 112

解　8 × (23 − 9) = 8 × 14 = 112.　　(E)

3. $\dfrac{0.3}{5}$ 的值是( ).

A. 0.6　　　B. 0.15　　　C. 0.02

D. 0.05　　　E. 0.06

解　$\dfrac{0.3}{5} = \dfrac{3}{50} = \dfrac{6}{100} = 0.06.$　　(E)

4. 在图1中,x 等于( ).

A. 100　　　B. 120　　　C. 160

D. 140　　　E. 130

第4章 1988年试题

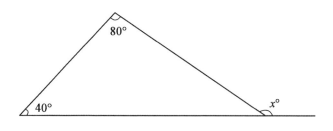

图1

解 三角形一外角的值等于跟它不相邻的两内角的值的和,因此 $x = 80 + 40 = 120$.　　(B)

5. 某数的 $\dfrac{2}{3}$ 为36.该数是(　　).

A. 54　　　　B. 24　　　　C. 45

D. 12　　　　E. 57

解 设该数为 x,则有 $\dfrac{2x}{3} = 36$. 于是 $x = 36 \times \dfrac{3}{2} = 18 \times 3 = 54$.　　(A)

6. 0.03,0.3 和 3.0 的平均值是(　　).

A. 0.3　　　B. 3.33　　　C. 1.11

D. 9.99　　　E. 0.33

解 0.03,0.3 和 3.0 的平均值是

$$\dfrac{1}{3}(0.03 + 0.3 + 3.0) = \dfrac{3.33}{3} = 1.11$$

(C)

7. 在图2中,所示长度以厘米为单位.该图形的周长为(　　).

A. 195 cm　　B. 56 cm　　C. 50 cm

51

D. 28 cm　　　　E. 37 cm

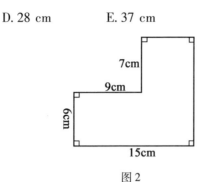

图 2

解　该周长等于 15 cm × 13 cm 的矩形的周长,即 $2(15+13)$ cm,亦即 56 cm.　　　　(B)

8. 下列哪个钱数是 150 澳元的 24%?(　　).

A. 34 澳元　　　B. 36 澳元　　　C. 63 澳元

D. 84 澳元　　　E. 120 澳元

解　150 澳元的 24% 等于 $\left(\dfrac{24}{100} \times 150\right) = \left(24 \times \dfrac{3}{2}\right) = 36$(澳元).　　　　(B)

9. 1988 年 1 月 26 日,澳大利亚庆祝欧洲人在此定居 200 周年.一些历史学家相信,人类在澳大利亚已居住了大约 40 000 年.欧洲人的后裔在澳大利亚定居的时间约占这段时间的(　　).

A. $\dfrac{1}{20}$　　　B. $\dfrac{1}{40}$　　　C. $\dfrac{1}{100}$

D. $\dfrac{1}{200}$　　　E. $\dfrac{1}{2\,000}$

解　欧洲人的后裔在澳大利亚定居了 200 年.如果人类在澳大利亚总共居住了 40 000 年,则欧洲人的后

第4章 1988年试题

裔定居澳大利亚的时间占其中的 $\frac{200}{40\,000}$ 或 $\frac{1}{200}$.

(D)

10. 已知 $3.84 \times 2.75 = 10.56$,那么 $1.056 \div 0.002\,75$ 的值是( ).

A. 0.384　　B. 3.84　　C. 38.4
D. 384　　E. 3 840

解 我们有

$$\frac{1.056}{0.002\,75} = \frac{10.56}{0.002\,75} \times \frac{1}{10} = \frac{10.56}{2.75} \times \frac{1}{10} \times 1\,000$$

$$= 3.84 \times \frac{1}{10} \times 1\,000 = 384 \quad (\text{ D })$$

11. 我家后院的苹果树栽下3年零4个月后才在1988年2月结了果.这棵树是什么时候栽的?( ).

A. 1985年10月　B. 1984年6月　C. 1984年10月
D. 1984年11月　E. 1984年9月

解 1988年2月的3年前是1985年2月,再往前算4个月是1984年10月. (C)

12. 有一矩形,若将它的长加倍,又将它的宽增至原宽的3倍.增大后图形的面积应等于原图形面积乘以( ).

A. 2　　B. 3　　C. $2\frac{1}{2}$
D. 8　　E. 6

解 当一个矩形的长加倍,那么其面积增加为原来的2倍,当宽再增至原来的3倍,其面积也再增加至3倍.因此答案是 $2 \times 3 = 6$. (E)

53

13. 制作安扎克(Anzac)饼干的食谱说,做35块饼干需加入两杯碾碎的燕麦.我要为一次聚会做210块安扎克饼干.一袋碾碎的燕麦相当于五杯燕麦.我需要多少袋碾碎的燕麦?( ).

A.2袋　　　B.3袋　　　C.4袋

D.5袋　　　E.6袋

解 做35块饼干需要2杯碾碎的燕麦,则做210块饼干需要碾碎的燕麦 $2 \times \dfrac{210}{35}$ 杯.我所需要的燕麦袋数为 $2 \times \dfrac{210}{35} \times \dfrac{1}{5} = \dfrac{12}{5} = 2\dfrac{2}{5}$.因为我必须买整数袋,所以答案为3袋. 　　　　(B)

14. 乘积 $\left(1+\dfrac{1}{5}\right) \cdot \left(1+\dfrac{1}{6}\right) \cdot \left(1+\dfrac{1}{7}\right) \cdot \left(1+\dfrac{1}{8}\right) \cdot \left(1+\dfrac{1}{9}\right)$ 等于( ).

A.2　　　B.3　　　C.4

D.5　　　E.6

解 我们有

$$\left(1+\dfrac{1}{5}\right)\left(1+\dfrac{1}{6}\right)\left(1+\dfrac{1}{7}\right)\left(1+\dfrac{1}{8}\right)\left(1+\dfrac{1}{9}\right) =$$

$$\dfrac{6}{5} \times \dfrac{7}{6} \times \dfrac{8}{7} \times \dfrac{9}{8} \times \dfrac{10}{9} = \dfrac{10}{5} = 2 \quad (A)$$

15. 我们可以定义"微型世纪"为1个世纪的百万分之一,则它近似等于( ).

A.5 s　　　B.50 s　　　C.5 min

D.50 min　　　E.5 h

解 一个世纪有 $(100 \times 365 \times 24 \times 60)$ min. 一个

"微型世纪"中的分钟数近似为

$$\frac{100 \times 365 \times 24 \times 60}{1\,000\,000} = \frac{365 \times 144}{1\,000} \approx \frac{50\,000}{1\,000}$$

所以我们的答案是近似于 50 min.　　　(D)

16. 在图 3 中,x 等于(　　).

A. 25　　　　B. 30　　　　C. 35

D. 40　　　　E. 45

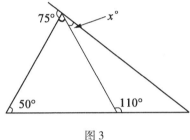

图 3

解　如图 4 所示,对图中的角做上标记. 在点 R,我们有 $z° + 110° = 180°$,故 $z° = 70°$. 由 $\triangle PQR$ 可知 $y° + 50° + 70° = 180°$,因此 $y° = 60°$. 最后,在点 P 处我们知道 $75° + 60° + x° = 180°$,故 $x° = 45°$.

(E)

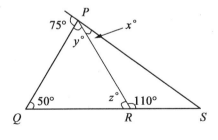

图 4

17. 瓶子里装了20片相同的药片,药片连同瓶子总质量为180 g,当该瓶装有15片药时,它的质量为165 g,那么瓶子的质量为( ).

A. 103 g B. 115 g C. 120 g
D. 125 g E. 146 g

解 5片药的质量应为(180 − 165)g,即15 g. 20片药质量为(15 × 4)g,即60 g. 所以瓶子质量为(180 − 60)g,即120 g.   (C)

18. 在一个家庭的孩子们之间,每个男孩子的姐妹数和兄弟数都是相同的,而每个女孩子的姐妹数是其兄弟数的一半. 那么,这个家庭的孩子数是( ).

A. 7个 B. 5个 C. 6个
D. 4个 E. 9个

解 该男孩子的数目为x,女孩子的数目为y,于是有

$$x - 1 = y \qquad (1)$$

和

$$\frac{x}{2} = y - 1 \qquad (2)$$

将式(1)代入式(2)得出 $\frac{x}{2} = x - 1 - 1$,即 $x = 2x - 4$,得 $x = 4$,再从式(1)得 $y = 3$. 故 $x + y = 7$.

(A)

19. 设p和q是正整数,且$p + q < 10$. 乘积pq可取多少个不同的值?( ).

A. 36 B. 20 C. 12
D. 15 E. 16

解法1(列举法) 由于对称性,我们只需考虑图5所示乘法表中对角线以下的部分. 去掉重复的数,剩下的数为 20 − 4 = 16.

```
1  2  3  4  5  6  7  8
2  4  6  8  10 12 14
3  6  9  12 15 18
4  8  12 16 20
5  10 15 20
6  12 18
7  14
8
```

图5

解法2 乘积 pq 中最大可能的值是 $5 \times 4 = 20$. 只要把8和20之间的质数去掉即可,即去掉11,13,17和19(共4个数),于是我们有 20 − 4 = 16 种可取的值. (E)

20. 一个中空的立方体被切去一个角,出现了一个三角形的洞. 各边的尺寸如图6所示(以米为单位). 原立方体所剩下的外表面的面积是多少?(   ).

A. $14\frac{1}{2} m^2$ B. $30\frac{1}{2} m^2$ C. $21 m^2$

D. $22\frac{1}{2} m^2$ E. $24 - \frac{1}{2}(\sqrt{6}) m^2$

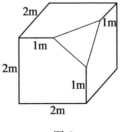

图6

解 此时有三个保持完整的面,每个面的面积为 $2^2 = 4$ (m^2),三者的总和为 12 m^2,其余的三个面,每个面被切去了原面积的 $\frac{1}{8}$(图7).故所求总面积是 $12 + 3\left(\frac{7}{8} \times 4\right)$,即 $12 + 10\frac{1}{2}$,或 $22\frac{1}{2}$.

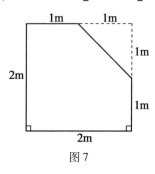

图7   (D)

21. 康(Con)上午 8:00 离开墨尔本的郊区以 80 km/h 的速度匀速向北驶向悉尼(Sydney).玛丽亚(Maria)上午 8:30 从同一地点出发,沿着同一路线以 100 km/h 的速度匀速行进.何时玛丽亚在去悉尼的路上追上康?(   ).

A. 上午 10:15   B. 上午 10:30   C. 上午 10:45
D. 上午 11:00   E. 上午 11:45

解 康比玛丽亚先走了 $\frac{80}{2}$ km,即 40 km,玛丽亚每小时可追上 20 km,所以她出发后 2 h 即 10:30 才能追上康.   (B)

22. 如图8所示,P, Q, R 和 S 是直线上依次间隔 1m 的四个点,从 P 到 S 的最短路径的长度是(至少跟 Q 和

R 保持 1 m 距离的)( ).

A. $1+\pi$ B. $\dfrac{4}{3}\pi$ C. 5

D. $1+2\pi$ E. $1+2\sqrt{2}$

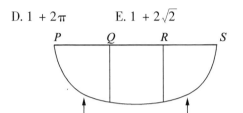

图 8 半径为 1 m 的 $\dfrac{1}{4}$ 圆

解 最短距离等于 1 m 加半径为 1 m 的圆的周长的一半,即 $1+\dfrac{1}{2}(2\pi\times1)$ m,或 $(1+\pi)$ m. （ A ）

23. 若 m 是 15 和 30 之间的数,n 是 3 和 8 之间的数,则 $\dfrac{m}{n}$ 是在哪两个数之间的数?( ).

A. $\dfrac{8}{15}$ 和 5 B. $1\dfrac{7}{8}$ 和 10 C. $3\dfrac{3}{4}$ 和 10

D. 5 和 10 E. $3\dfrac{3}{4}$ 和 15

解 $\dfrac{m}{n}$ 可取的最小值是 $\dfrac{最小的 m}{最大的 n}$,即 $\dfrac{15}{8}$ 或 $1\dfrac{7}{8}$.

$\dfrac{m}{n}$ 可取的最大值是 $\dfrac{最大的 m}{最小的 n}$,即 $\dfrac{30}{3}$ 或 10. （ B ）

24. 图 9 是一张城市的道路平面图. 除了一条短对角线外,道路全是东西向或南北向的. 由于一条路的修补而不可能从点 X 通过. 从 P 到 Q 的所有可能走的路线中,有些路线是最短的. 问这样的最短路线有几条?( ).

A. 4 B. 7 C. 9
D. 14 E. 16

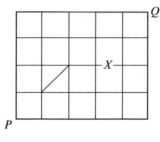

图 9

解 如图 10 所示,我们标出点 R,S,T 和 U. 所有的最短路线必通过 R 和 S. 然后从 T 或 U 经过. 这种路线的总数是:

(从 P 到 R 的路线数)×(从 R 到 S 的路线数)×{(从 S 经 U 到达 Q 的路线数)+(从 S 经 T 到达 Q 的路线数)} = $2 \times 1 \times \{1+$(从 S 到 T 的路线数)×(从 T 到 Q 的路线数)$\} = 2 \times 1 \times [1+(2 \times 3)] = 14$.

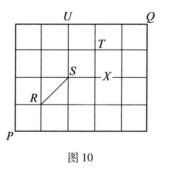

图 10

(D)

25. 如图 11 所示,图形由 9 个正方形组成,正方形的每条边长为 1 个单位.过 X 可作一直线将整个图形分成面积相等的两部分.若 $PQ = QR = RS = ST = \frac{1}{4}$,那么所作直线经过(　　).

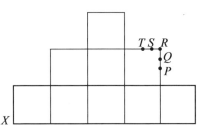

图 11

A. P　　　　　B. Q　　　　　C. R
D. S　　　　　E. T

解　　　　　　　　　　　　　　　　(B)

26. 一台计算机被编程用于搜索计数用的数所含的数字个数.例如,当它搜索了

1 2 3 4 5 6 7 8 9 10 11 12

后,那它已搜索到了 15 个数字.当计算机开始这一任务并搜索到前 1 788 个数字,那么它搜索的最后一个计数用的数是(　　).

A. 533　　　　B. 632　　　　C. 645
D. 1 599　　　E. 1 689

解　我们可按表 1 计算数字的个数:

表 1

整数	数字个数	全部数字个数	搜索到的数字个数
1 ~ 9	1	9	9
10 ~ 99	2	90 × 2 = 180	189

于是搜索到 99 这个数时,所余的数字个数为 1 788 - 189 = 1 599. 因 1 599 = 3 × 533,所以计算机已搜索到的整数为 99 + 533,即 632.　　　　　　(B)

27. 矩形 PQRS 按图 12 的方式分成 9 个大小都不相同的正方形(注意这是示意图,未按比例画出). 所有正方形的边长都等于单位长的整数倍,其中最小的是个 2 × 2 的正方形. 问次小的正方形的边长等于多少单位长?(　　).

A. 3　　　　　　B. 4　　　　　　C. 5
D. 6　　　　　　E. 7

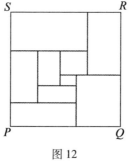

图 12

解　最小的和次小的正方形很容易确认. 设 x 是次小正方形的边长. 从这两个正方形出发可以陆续求出其他正方形的边长. 如图 13 所示,一个合乎逻辑的边长的序列是

$x+2, x+4, 2x+6, 3x+10, 4x+16, 4x+8, 5x+8$

那么,由于 $PQ = RS$,可知

$(3x+10) + (4x+16) = (4x+8) + (5x+8)$

由此推出 $x = 5$.

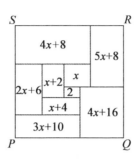

图 13

(C)

注 有兴趣的读者可以参考马丁·加德纳(Martin Gardner)的《数学游戏与难题》((原载《科学美国人》杂志),从中可以了解到更多有关"化长方形为正方形"的信息.

第5章　1989年试题

1. 3.1 + 4.1 等于(　　).
A. 7.11　　　　B. 7.02　　　　C. 8.2
D. 7.1　　　　E. 7.2

解 3.1 + 4.1 = 7.2.　　　　　　　　(E)

2. $\dfrac{3}{7} \times \dfrac{14}{15}$ 等于(　　).

A. $\dfrac{1}{5}$　　　　B. $\dfrac{2}{3}$　　　　C. $\dfrac{7}{5}$

D. $\dfrac{3}{7}$　　　　E. $\dfrac{2}{5}$.

解 $\dfrac{3}{7} \times \dfrac{14}{15} = \dfrac{2}{5}$.　　　　(E)

3. 在图1中,x 的值是(　　).
A. 50　　　　B. 40　　　　C. 30
D. 20　　　　E. 10

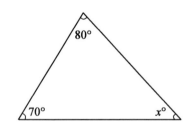

图1

解 $x° = 180° - (70° + 80°) = 30°$. （ C ）

4. $\frac{1}{2} + \frac{1}{3}$ 等于(　　).

A. $\frac{2}{5}$　　　B. $\frac{5}{6}$　　　C. $\frac{3}{4}$

D. $\frac{2}{3}$　　　E. 1

解 $\frac{1}{2} + \frac{1}{3} = \frac{1}{6}(3+2) = \frac{5}{6}$.　　（ B ）

5. $0.9 \div \frac{1}{2}$ 等于(　　).

A. 1.8　　　B. 0.45　　　C. 0.3
D. 0.18　　　E. 4.5

解 $0.9 \div \frac{1}{2} = 0.9 \times \frac{2}{1} = 1.8$.　　（ A ）

6. 105 澳元的 3% 是(　　).

A. 315 澳元　　B. 305 澳元　　C. 3.50 澳元
D. 3.15 澳元　　E. 3.05 澳元

解 105 澳元的 3% 等于 $\frac{3}{100} \times 105 = 3 \times 1.05 = 3.15$(澳元).　　（ D ）

7. 4 个数 0.31, 0.303, 0.675 和 0.68 中的最大数与最小数相加, 得到的和是(　　).

A. 0.99　　　B. 0.985　　　C. 0.983
D. 0.978　　　E. 1.175

解 最大数是 0.68, 最小的则为 0.303, 它们的和为 0.983.　　（ C ）

8. 玛丽(Mary)要得到用 4 除某个数的答案. 但她用计算器时出了错, 将用 4 除做成用 4 乘, 得到 60. 正确的答案应是多少?(　　).

A.3.75　　　B.15　　　C.4
D.12　　　E.240

解 这数必须是 $60÷4=15$. 则答案应是 $15÷4$,即3.75. 　　　　　　　　　　　　　　　　(A)

9. 在我们学校,第一节课从上午9:00开始,下午3:00结束最后一节课.我们在上午有20 min的休息时间,中午有1 h午饭时间.那么,全部的上课时间是(　　).

A.4 h40 min　　B.5 h20 min　　C.4 h30 min
D.4 h20 min　　E.4 h50 min

解 上午9:00到下午3:00之间有6h,休息时间共有1 h20 min,其余的4 h40 min是上课时间.
　　　　　　　　　　　　　　　　(A)

10. $2-(2×3-8)$ 等于(　　).

A.0　　　B.-4　　　C.-8
D.4　　　E.-2

解 $2-(2×3-8)=2-(6-8)=2-(-2)=2+2=4$. 　　　　　　　　　　　　　　(D)

11. 据估计,在1988年1月26日澳大利亚200周年庆典时,大约有1 000 000人聚集在悉尼(Sydney)港.若澳大利亚的人口是16 000 000,那么在当天出席庆典的人数所占的百分数约为(　　).

A.1%　　　B.4%　　　C.6%
D.8%　　　E.16%

解 参加的人所占的百分数 $=\dfrac{1}{16}×100\%≈6\%$. 　　　　　　　　　　　　　　(C)

12. 某种笔的制造商宣称,这种笔所含的墨水能画出 1 km 长的线. 如果所画的线的宽度是 0.4 mm,那么这种笔能画出的笔迹所覆盖的面积是(   ).

A. 4 000 m^2 B. 400 m^2 C. 40 m^2
D. 4 m^2 E. 0.4 m^2

解 所覆盖的面积是 $1\,000 \times 0.000\,4 = 0.4$.
(E)

13. 从所有大于 10 的两位数中找出其十位数字比个位数字小 1 的数,将它们相加,所得的和是(   ).

A. 476   B. 414   C. 486
D. 404   E. 495

解 通过观察,这些两位数是 12,23,34,45,56,67,78 和 89. 因此所求的和是 404.   (D)

14. 如图 2 所示,四边形的各角分别是 x,$(x+10)°$,$(x+20)°$ 和 $(x+30)°$,其中最大的角等于(   ).

A. 75°   B. 85°   C. 95°
D. 105°   E. 115°

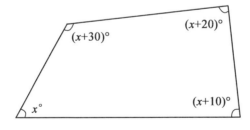

图 2

解 我们有 $x° + (x+10)° + (x+20)° + (x+30)° = 4x° + 60° = 360°$. 于是 $4x° = 300°$,即 $x° = $

75°. 因此 $x° + 30° = 105°$. （ D ）

15. 一个运动员用 8.4 s 跑了 70 m. 如果她保持同样的平均速度跑完 100 m, 所需的时间是( ).

A. 14.28 s   B. 12.0 s   C. 11.8 s
D. 11.4 s   E. 13.2 s

解 她所需时间是 $8.4 \times \dfrac{100}{70} = \dfrac{84}{7} = 12.0(\text{s})$

（ B ）

16. 如图3所示的物体由相邻面粘在一起的6个木制立方体组成, 各立方体的每边长皆为 1 cm. 该物体总的表面积等于( ).

A. 32 cm²   B. 26 cm²   C. 31 cm²
D. 36 cm²   E. 18 cm²

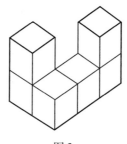

图3

解 每个暴露的正方形面的面积为 1 cm². 有四个立方体各有 4 个暴露的面, 而上面两个立方体各有 5 个面暴露在外. 所以暴露在外的面的总数(即物体总的表面积,)是 $4 \times 4 + 2 \times 5 = 16 + 10 = 26(\text{cm}^2)$.

（ B ）

17. 1987 年悉尼(Sydney)港大桥的摩托车通行费

由 5 分增至 1 澳元,该费用增长的百分数是( ).

    A. 95％   B. 20％   C. 100％

    D. 1 900％   E. 2 000％

解 增加了 95 分,增长的百分数为 $\frac{95}{5} \times 100\%$ = $19\% \times 100\% = 1\,900\%$.   (D)

18. 超市展示某种盒装肥皂,将它摆成 10 层呈金字塔状. 每一层是长方形的,它的长和宽都比下面一层少 1 盒,若最顶上一层是由 6 个盒子排成一行组成,问总共摆了多少盒肥皂?( ).

    A. 466 盒   B. 420 盒   C. 480 盒

    D. 660 盒   E. 720 盒

解 盒的数目为 $(6 \times 1) + (7 \times 2) + (8 \times 3) + \cdots + (15 \times 10) = 660$(盒).   (D)

19. 一次数学测验包含 10 道题. 每做对一道题给 10 分,而做错一道题则扣 3 分. 沃尔夫岗(Wolfgang)做了全部题目得到 61 分. 他做对的题目有几道?( ).

    A. 7 道   B. 5 道   C. 9 道

    D. 8 道   E. 6 道

解 设他做出的正确答案的数目为 x,则 $10x - 3(10 - x) = 61$,即 $10x - 30 + 3x = 61$,亦即 $13x = 91$,故 $x = 7$.   (A)

20. S 是由 1 到 100 的组成的集合,数其中最小质因子为 7 问 S 中有多少个数?( ).

    A. 14   B. 7   C. 4

D. 3   E. 5

解 这些数是 $7,7\times 7,7\times 11,7\times 13$. 即一共有 7, $49,77$ 和 91 这四个数.   (C)

21. 有一组上舞蹈课的学生间隔相等地站成一个圆圈,然后从1开始依次报数,第20位的学生正对着第53位的学生(图4). 问这群学生的总数是多少? ( ).

   A. 60   B. 62   C. 64
   D. 66   E. 68

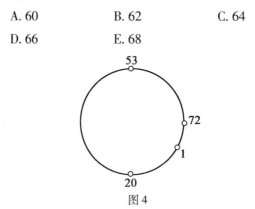

图4

解 注意,这群学生的数目必须是偶数,否则间隔相等站立的学生不可能直接相对. 第20名至53名学生之间共有32名学生. 所以这群学生的总数将是 $2\times 32+2=66$(名).   (D)

22. 每天,斯坦(Stan)或是步行去上班,骑自行车回家;或是骑自行车上班,步行回家. 每种方法来回一次都要1.5 h. 如果斯坦来回都骑车,只要30 min,如果来回都是步行,往返一趟要几个小时?( ).

   A. $2\dfrac{3}{4}$ h   B. $2\dfrac{1}{4}$ h   C. $2\dfrac{1}{2}$ h

D. 2 h   E. $1\dfrac{3}{4}$h

解 设步行单程所需时间是 W,骑车单程时间为 R. 那么 $W+R=\dfrac{3}{2}$. 于是 $2R=\dfrac{1}{2}$,即 $R=\dfrac{1}{4}$. 因此 $W+\dfrac{1}{4}=\dfrac{3}{2}$,即 $W=\dfrac{5}{4}$. 所以 $2W=\dfrac{10}{4}$. 如果斯坦上下班都步行要花费 $2\dfrac{1}{2}$h.   (C)

23. 阿摩司(Amos)的一只山羊用绳拴在一个矩形小屋的墙角处(图5). 小屋长9 m、宽7 m,绳长10 m. 小屋周围都是草地,山羊能吃到草的草地面积为( ).

A. $\dfrac{155\pi}{2}$ m^2 B. $\dfrac{229\pi}{4}$ m^2 C. 75π m^2

D. $(160+\dfrac{5\pi}{2})$ m^2 E. $\dfrac{309\pi}{4}$ m^2

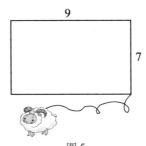

图5

解 如图6所示,令阿摩司把他的绳拉直,那么绳子扫过的面积为

$$\dfrac{3}{4}\pi(10)^2+\dfrac{1}{4}\pi(1)^2+\dfrac{1}{4}\pi(3)^2$$
$$=\dfrac{1}{4}\pi(3(10)^2+(1)^2+(3)^2)$$

$$= \left(\frac{310}{4}\right)\pi = \left(\frac{155}{2}\right)\pi$$

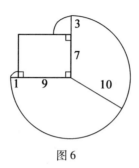

图6

(A)

24. 如图7所示的三角形状的数字图案中,第89行从左数第三个数是几?( ).

A. 8 103　　　B. 6 982　　　C. 1 0681

D. 7 747　　　E. 7 924

```
            1
          2 3 4
        5 6 7 8 9
     10 11 12 13 14 15 16
              ⋮
```

图7

解　注意每行中最后的一个数是完全平方数,即 $1^2, 2^2, 3^2, \cdots$ 于是第88行的最后一个数是 88^2,第89行第三个数是 $88^2 + 3$,即 7 747.　　　　(D)

25. 四点钟之后,钟的两个指针在什么时刻首次做成65°的角?( ).

A. 4:06　　　B. 4:07　　　C. 4:08

D. 4:09   E. 4:10

解 对于每一分钟,分针前进 $6°$ 而时针前进 $0.5°$. 在 4 点钟时,时针在分针前面 $120°$ 处. 设 4 点钟后经过 x 分钟两指针夹角减小为 $65°$, 那么 $\left(120°+\dfrac{x}{2}\right)-6x=65°$, 即 $55°=\dfrac{11x}{2}$, 亦即 $x=\dfrac{110°}{11}=10°$, 这说明所求的时间是 4:10.   (E)

26. 某国有种特别的货币,基本单位是澳元,因此有一澳元钞票. 为了较小的交易,他们有 $\dfrac{1}{2}$ 澳元, $\dfrac{1}{3}$ 澳元, $\dfrac{1}{4}$ 澳元和 $\dfrac{1}{5}$ 澳元几种硬币,为了避免一澳元以内的找零,人们需携带的硬币的面值的总和(以澳元为单位)至少是多少?(   ).

A. $2\dfrac{43}{60}$ B. $\dfrac{11}{12}$ C. $1\dfrac{5}{12}$

D. $2\dfrac{13}{60}$ E. $2\dfrac{7}{15}$

解 为了避免付一整张澳元而让商家用某一种硬币找零,我们可以选带的最大的硬币的集合是

$$\dfrac{1}{2},\dfrac{1}{3},\dfrac{1}{3},\dfrac{1}{4},\dfrac{1}{4},\dfrac{1}{4},\dfrac{1}{5},\dfrac{1}{5},\dfrac{1}{5}$$

在这些硬币中,能凑成整钱的只有面值为 $\dfrac{1}{2}$ 澳元和 $\dfrac{1}{4}$ 澳元的硬币. 所以要在这个集合中除去价值为 $\dfrac{1}{2}$ 澳元的硬币,即或者除去一枚 $\dfrac{1}{2}$ 澳元的硬币,或除去两枚

$\frac{1}{4}$ 澳元的硬币. 所剩下的硬币的总面值为

$$\frac{1}{2} + \frac{1}{3} + \frac{1}{3} + \frac{1}{4} + \frac{1}{5} + \frac{1}{5} + \frac{1}{5} + \frac{1}{5}$$

即

$$\frac{30 + 20 + 20 + 15 + 12 + 12 + 12 + 12}{60} = \frac{133}{60} = 2\frac{13}{60}$$

(D)

27. 代表某校的 300 名女孩参加夏季运动会和冬季运动会. 在夏季,60% 的女孩打板球,其余的 40% 打网球. 在冬季,女孩们打曲棍球或篮球,但每人只能参加一种. 打曲棍球的人里有 56% 在夏天打板球. 而打板球的运动员里有 30% 在冬天打篮球,那么既打网球又打篮球的女孩的总数为( ).

A. 54 名   B. 30 名   C. 120 名

D. 99 名   E. 21 名

解 首先我们注意夏天有 180 个女孩打板球,其他 120 人打网球. 如果有 30% 打板球的人到冬天打篮球,这意味着他们中有 54 个打篮球,亦即她们中有 180 − 54 = 126 人打曲棍球,但这只占打曲棍球人数的 56%. 于是原来打网球的曲棍球手为 $\frac{44}{56} \times 126 = 99$,所以既打网球又玩篮球的女孩数为 120 − 99 = 21.

(E)

注 整个情形可总结为表1:

表1

	曲棍球	篮球	总和
板球	126	54	180
网球	99	21	120
总和	225	75	300

28. 可用多少种方法将1个3×3的正方形分成一个1×1的正方形和4个2×1的矩形(图8中给出了三种方法)?(　　).

A. 6　　　　B. 12　　　　C. 16

D. 17　　　　E. 18

图8

解 此时只有两种情形需要考虑:一种是1×1的方砖放在一个角上,一种是它放在中心处.后一类型只可能有两种排列方法,如图9所示:

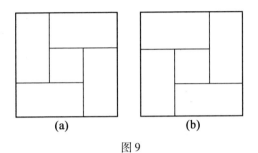

图9

至于第一种类型,假设 $1×1$ 的方砖放在左上角,那么以下四种排列方法都是可能的(图10).

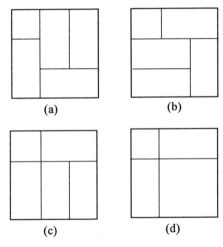

图10

由于通过旋转,其中每一种排法又能产生另三种排法,所以各种排列方法的总数为 $2+4×4$ 即18.

(E)

29. 巴尔曼(Balmain)的猫的只数是个6位数,它是一个立方数,又是平方数.如果跑掉6只猫,剩下的

猫的数目是个质数.那么巴尔曼的猫的数目是
( ).

  A. 279 643 只 B. 117 649 只 C. 262 147 只

  D. 531 469 只 E. 999 997 只

解 猫的数目 n 是个 6 次方幂,又是个 6 位数,还比一个质数大 6,即 $n = x^6 = p+6$,其中 p 是质数,x 是整数.注意 $100\,000 \leqslant x^6 \leqslant 999\,999$.而 $6^6 < 100\,000$,$10^6 > 999\,999$,所以我们考虑 $7^6, 8^6$ 和 9^6,首先 8^6 是偶数,不能比质数大 6,$9^6 - 6$ 也不是质数,因为 3 显然是它的因子.于是只剩下 7^6(117 649 是一个质数).

           (B)

第6章 1990年试题

1. $1 + 2 \times 3$ 的值是( ).

A. 5   B. 6   C. 7
D. 8   E. 9

解 $1 + 2 \times 3 = 1 + 6 = 7.$ (C)

2. 0.3×2 等于( ).

A. 0.15   B. 0.06   C. 0.6
D. 0.32   E. 0.9

解 $0.3 \times 2 = 0.6.$ (C)

3. $\dfrac{14\,000 \times 15 \times 2}{100}$ 等于( ).

A. 21 000   B. 42 000   C. 420 000
D. 420   E. 4 200

解 $\dfrac{1}{100}(14\,000 \times 15 \times 2) = 140 \times 15 \times 2 = 140 \times 30 = 4\,200.$ (E)

4. 紧接着排在 10 009 后面比它大的两个整数是( ).

A. 10 010 和 10 011   B. 10 007 和 10 008
C. 10 100 和 10 101   D. 10 101 和 10 102
E. 11 000 和 11001

解 后面的两个数是 10 010 和 10 011.

(A)

5. 如图1所示,PQ是一条直线,$\angle STP$的值(以度为单位)是(　　).

A. 249°　　　　B. 101°　　　　C. 111°

D. 69°　　　　E. 89°

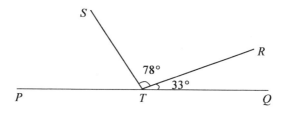

图1

解 以度为单位,$\angle STP$的大小等于$180° - 78° - 33° = 69°$. 　　　　(D)

6. 佩塔(Peta)买了一个1.70澳元的汉堡和一杯1.35澳元的冰淇淋饮料,她用一张10澳元钞票付账. 应找给她的钱数是(　　).

A. 3.05 澳元　　B. 6.05 澳元　　C. 6.50 澳元

D. 6.95 澳元　　E. 7.95 澳元

解 佩塔买食品的全部花费是 $1.70 + 1.35 = 3.05$. 在付了一张10澳元钞票后,她应得的找零为 $10.00 - 3.05 = 6.95$(澳元). 　　　(D)

7. 数 0.1,0.11 和 0.111 的平均值是(　　).

A. 0.041　　B. 0.107　　C. 0.11

D. 0.1111　　E. 0.17

解 三数之和是 0.321,平均值是 $\frac{1}{3} \times 0.321 = 0.107$. 　　　　　　　　　　　　　(B)

8. 在图 2 中，x 等于(　　).

A. 50　　　　B. 60　　　　C. 70

D. 110　　　E. 65

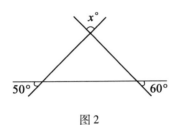

图 2

解 注意该三角形的内角为 $x°$，$50°$ 和 $60°$，因此 $x° + 50° + 60° = 180°$，或 $x° = 180° - 50° - 60° = 70°$.

(　C　)

9. $\dfrac{0.75}{15}$ 的值是(　　).

A. 5　　　　B. 0.5　　　　C. 0.05

D. 0.005　　E. 0.000 5

解 $\dfrac{75}{15}$ 值是 5，因此 $\dfrac{0.75}{15}$ 是 0.05.　　(　C　)

10. 公共汽车上午 11:36 从曼吉姆坡(Manjimup) 出发，于同日下午 2:23 到达杰拉姆古坡 (Jerramungup)，旅途所用时间为(　　).

A. 4 h47 min　　　　B. 2 h47 min

C. 9 h13 min　　　　D. 1 h27 min

E. 3 h13 min

解 正午之前有 24 min，正午之后有 2 h23 min，

其和应是 2 h47 min.　　　　　　　　　　(B)

11. 下列数中哪个数最小?( ).

　　A. $\dfrac{1}{4}$　　　　B. $\dfrac{2}{5}$　　　　C. $\dfrac{2}{7}$

　　D. $\dfrac{3}{10}$　　　E. $\dfrac{3}{11}$

解　将这些分数表为分子相同的分数,为

$$\dfrac{6}{24},\dfrac{6}{15},\dfrac{6}{21},\dfrac{6}{20},\dfrac{6}{22}$$

最小的数是分母最大的那个.　　　　　　(A)

12. 图3中两条虚线都是该正六边形的对称轴. 六边形中画阴影部分的面积占整个六边形的( ).

　　A. $\dfrac{5}{12}$　　　B. $\dfrac{7}{24}$　　　C. $\dfrac{11}{24}$

　　D. $\dfrac{1}{3}$　　　　E. $\dfrac{3}{8}$

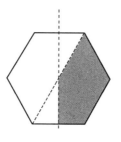

图3

解　垂直虚线 AB 的右边等于该六边形面积的一半(图4). 斜虚线割去了这部分面积的 $\dfrac{1}{6}$. 六边形中

阴影部分占整个六边形的 $\left(1-\dfrac{1}{6}\right)\dfrac{1}{2}=\dfrac{5}{6}\times\dfrac{1}{2}=\dfrac{5}{12}$.

(A)

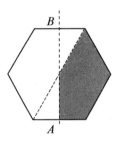

图 4

13. 安迪(Andy)有一些苹果,他给了谢里尔(Cheryl) $\dfrac{1}{3}$ 的苹果,给了肯(Ken) $\dfrac{1}{4}$. 若他还剩下 35 个苹果,那他原来有几个苹果?(   ).

　　A. 108 个　　　　B. 420 个　　　　C. 60 个

　　D. 96 个　　　　E. 84 个

解　设安迪开始时有 x 个苹果. 最后他的苹果数为

$$x-\dfrac{x}{3}-\dfrac{x}{4}=x\left(1-\dfrac{1}{3}-\dfrac{1}{4}\right)=x\left(\dfrac{12-4-3}{12}\right)=\dfrac{5x}{12}$$

于是 $35=\dfrac{5x}{12}$,故 $x=\dfrac{1}{5}(35\times 12)=84$. 　(E)

14. 在图 5 中,$PQ=PR=QS$ 且 $\angle QPR=20°$,$\angle RQS$ 等于(   ).

　　A. 20°　　　　B. 40°　　　　C. 60°

　　D. 80°　　　　E. 100°

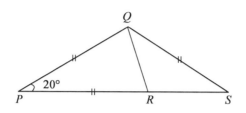

图5

解 由给定的条件可知 $\angle PQR = \angle PRQ = 80°$,又知 $\triangle QPS$ 是等腰的,则 $\angle PSQ = 20°$,于是 $\angle PQS = 140°$ 且 $\angle RQS = 140° - 80° = 60°$. (C)

15. 两个盒子共装有150枚硬币. 从第一个盒子中取出17枚硬币放入第二个盒子中,则第二个盒子中的硬币数目是第一个盒子中的两倍. 在变动前第一个盒子中的硬币数是( ).

A. 87 枚   B. 75 枚   C. 50 枚

D. 67 枚   E. 70 枚

解 设在变动之前第一个盒子的硬币数目为 x. 则在第二个盒子中原有 $150 - x$ 个硬币. 变动之后我们有 $150 - x + 17 = 2(x - 17)$,即 $167 - x = 2x - 34$,亦即 $3x = 201$,故 $x = 67$. (D)

16. 如图6所示,在一片树叶上放一张透明方格纸. 方格纸上的小正方形边长为 0.5 cm. 这片树叶的面积最接近于( ).

A. 6 cm²   B. 9 cm²   C. 12 cm²

D. 18 cm²   E. 24 cm²

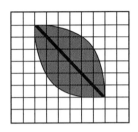

图6

解 由图6可知,叶子大约完全占据了14个方格,部分地占据了16个方格.假定被部分占据的方格平均每个方格被占了一半.这就等价于有(14+8)个,或者说大约有22个方格被叶子占据.因为每个方格的面积是 0.25 cm^2,所以叶子占据的总面积约为 0.25×22,或者说约为 5.5 cm^2.   (A)

17. 我最喜欢的一种糕点是8块一盒的,每盒重250 g.在盒上的说明中说每块糕点含有3.5 g脂肪.那么这种糕点中脂肪所占的百分数是( ).

A. 1.4% B. 7% C. 11.2%

D. 14% E. 28%

解 一盒中的糕点所含的全部脂肪质量为 $8 \times 3.5 = 28$ (g).已知一盒糕点的总质量为250 g,所以糕点中所含脂肪的百分数为 $\frac{28}{250} \times 100\% = 11.2\%$.

(C)

18. 我们说一只正常鸭子有两条腿,一只瘸鸭只有一条腿,而孵蛋鸭没有腿(指看不到它的腿).现有33

只鸭子共有 32 条腿,且正常鸭子和瘸鸭的数目之和是孵蛋鸭的两倍.则瘸鸭数为(　　).

A. 9 只　　　　B. 10 只　　　　C. 11 只

D. 12 只　　　　E. 13 只

解　第一个条件告诉我们孵蛋鸭的只数比正常鸭子多一只.第二个条件是说有 11 只孵蛋鸭.因此,有 10 只正常鸭和 12 只瘸鸭.　　　　(D)

19. 有一圆盘,问最少要用多少个跟它同样大小的圆盘才能覆盖它,条件是从正上方看时,覆盖用的圆盘不能覆盖着被覆盖圆盘的圆心,但允许与它相触?(　　).

A. 6　　　　B. 4　　　　C. 3

D. 2　　　　E. 5

解　图 7 显示了用三个圆的成功的覆盖(覆盖了中间的那个圆).注意,这覆盖的圆的圆心位于那三个覆盖圆的三重交点处,而且每一对覆盖圆也在被覆盖的圆上相交,三个交点等间隔地位于被覆盖圆上.显然,仅用两个圆不足以按要求覆盖住原来的圆.

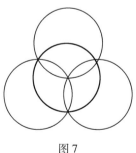

图 7　　　　　　　　(C)

20. 在 1,2,…,1 000 这些数中,既不能被 6 除尽也不能被 9 除尽的数有多少?( ).

A. 222　　　B. 277　　　C. 723

D. 778　　　E. 780

解 这里有 111 个数能被 9 除尽,166 个数能被 6 除尽,55 个数即能被 9 也能被 6 除尽. 全部能被 9 和 6 除尽的数有 111 + 166 − 55 = 222(个).

于是所要求的答案为 1 000 − 222 = 778.

(D)

21. 如图 8 所示,一个正方形被分割成许多部分,所标线段的长度皆以厘米为单位. 画阴影区域的面积等于( ).

A. 81 cm^2　　　B. 108 cm^2　　　C. 120 cm^2

D. 144 cm^2　　　E. 162 cm^2

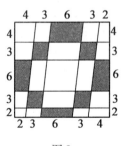

图 8

解 位于中间一行的两个梯形可组成一个 6 × 6 的矩形,其面积为 36 cm^2. 位于中心区域四角处的四个全等平行四边形可组成一个底为 6 cm、垂直高为 6 cm 的平行四边形,其面积为 6 × 6 = 36(cm^2). 位于中间一行的两个平行四边形可组成一个面积也是 $6 \times 6 = 36(\text{cm}^2)$ 的平行四边形.所以画阴影区域的总面积是 108 cm². (B)

22. 一个建筑商为完成一项工程需要 10 000 块砖.根据长期的经验,他知道运输时造成的碎裂砖数不超过 7%.砖是按 100 块一包的方式卖的.为了保证有足够的砖完成这项工程,他需要至少预订多少块砖?( ).

A. 10 900 块　　B. 10 600 块　　C. 10 500 块
D. 10 700 块　　E. 10 800 块

解 为保证有足够的砖,他至少要预订 x 块砖,则 $(1-7\%)x = 0.93x = 10\,000$,即 $x = \dfrac{10\,000}{0.93} = 10\,753$(最接近的整数).所以至少要预订 10 800 块砖. (E)

23. 图 9 是一张 5 行 5 列的方格,顶上一行填有符号 P,Q,R,S 和 T.第四行中间填有符号 P,Q 和 R.余下的方格中可填入 P,Q,R,S 或 T,要求做到同一符号在每一行、每一列及每条对角线上只出现一次.那么填入画有阴影的方格中的符号必须是( ).

A. P　　　　B. Q　　　　C. R
D. S　　　　E. T

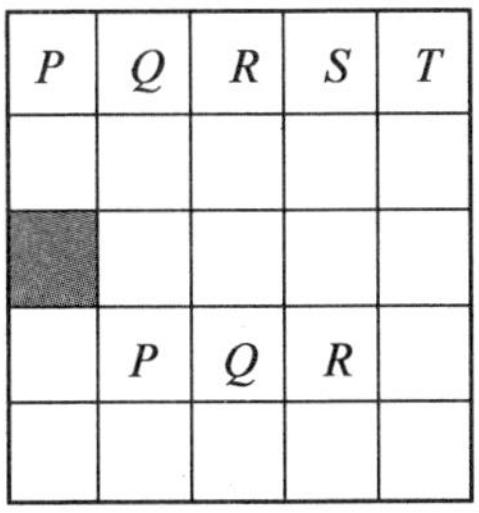

P	Q	R	S	T
	P	Q	R	

图 9

解 图 10 中标有 * 的方格必须填 Q,因为同一行中已出现了 R 和 S,而同一对角线上已有了 P 和 T.

P	Q	R	S	T
			*	
	P	Q	R	

(a)

P	Q	R	S	T
S	T	P	Q	R
Q	R	S	T	P
T	P	Q	R	S
R	S	T	P	Q

(b)

图 10

现在,在第 1 行中能填 Q 的方格只有画阴影的那个了. (B)

注 该解是唯一的,它是一个拉丁方阵.

24. 设 x 和 y 是正整数且 $x+y+xy=54$,则 $x+y$ 等于( ).

A. 12   B. 14   C. 15

D. 16   E. 54

解 注意到 $x+y+xy=(x+1)(y+1)-1=54$,因此 $(x+1)(y+1)=55$. 而 $55=1\times55=5\times11$,若 $x+1=1$,得 $x=0$(不符题意);若 $x+1=5$,得 $x=4,y=10$. 由对称性并因有解 $(x,y)=(4,10)$,我们可以推出另一解是 $(10,4)$. 这两种情形都有 $x+y=14$. (B)

25. 我的汽车配备一种特别牌子的轮胎,装在前轮其使用的距离为 40 000 km,装在后轮则可使用 60 000 km,如果将前后轮胎交换使用,我用这一组四个轮胎可行

88

驶的最大距离是( ).

A. 52 000 km B. 50 000 km C. 48 000 km

D. 40 000 km E. 44 000 km

解 汽车行驶 1 km 四个轮胎的平均功能损耗率为

$$\frac{1}{4}\left(\frac{1}{40\,000}+\frac{1}{40\,000}+\frac{1}{60\,000}+\frac{1}{60\,000}\right)=\frac{1}{48\,000}$$

每个轮胎依据此损耗率来使用是最划算的. 所以汽车的最大行驶距离是 48 000 km. (C)

26. 现将图 11(a) 中 6 块拼图板放入图 11(b) 所示的盒子, 允许翻过面来放置:

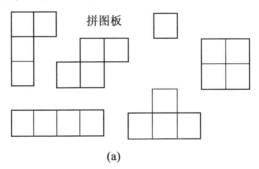

(a)

(b)

图 11

拼图板中的单位正方形板放在标有字母的某个位置上,这个位置所标的字母是( ).

A. P B. Q C. R

D. S E. T

解 容易看出,单位正方形板不能放在 Q 处. 如图 12 所示,我们将方格图案按国际象棋棋盘那样着色此时出现 11 个黑色方格和 10 个白色方格. 有四块大的拼图板合在一起必将覆盖着 8 个黑色方格和 8 个白色方格,因为无论它们放在什么位置,它们中的每一个都将覆盖 2 个黑色方格和 2 个白色方格. 第五块呈 T 形的拼图板必将覆盖住三个同色的方格,所以颜色只能是黑色,这样所有的黑色方格都被覆盖住了. 于是,方格 P,R,T 就被排除在外,那块单位正方形板必须放在方格 S 内.   (D)

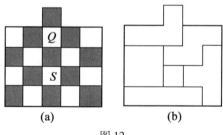

图 12

27. 数 21 可以表示为两个或多个连续自然数之和,共有三种表示法. 即

$$10 + 11$$
$$6 + 7 + 8$$
$$1 + 2 + 3 + 4 + 5 + 6$$

63 表示成这样的和的方法的数目是(   ).

  A. 2   B. 3   C. 4
  D. 5   E. 6

解 表为两整数的和:$63 = 31 + 32$. 表为三个整数的和:$63 = 20 + 21 + 22$. 作为奇数,63 不能表为除得尽 4 的若干整数的和,因为这样的和必为偶数. 它也不能表为 5 个整数的和,因为 $10 + 11 + 12 + 13 + 14 = 60$,而 $11 + 12 + 13 + 14 + 15 = 65$. 表为六个整数的和有 $63 = 8 + 9 + 10 + 11 + 12 + 13$. 表为七个整数的和有 $63 = 6 + 7 + 8 + 9 + 10 + 11 + 12$,表为九个整数的和有 $63 = 3 + 4 + 5 + 6 + 7 + 8 + 9 + 10 + 11$. 表为 10 个整数的和不行,因为 $1 + 2 + \cdots + 10 = 55$,而 $2 + 3 + \cdots + 11 = 65$. 最小的 11 个连续整数的和是 $66 = 1 + 2 + \cdots + 11$,它又太大了. 这样 63 可有 5 种不同方式表为所要求的和.   (D)

28. 有一处地面用正多边形状的地砖铺成. 当从地面取出一块地砖并转动 $50°$,它仍能准确地放回原来的位置上,这种多边形至少应有的边数为(   ).

  A. 8   B. 24   C. 25
  D. 30   E. 36

解 设边数为 n. 每条边所对的中心角等于 $\left(\frac{1}{n}\right)360°$,要求 $\frac{50}{(360/n)}$ 是一个整数,即 $\frac{50}{360}n = \frac{5}{36}n$ 是一个整数. 能达到这一要求的最小的 n 是 36.
                                (E)

29. 一群学生参观了某博物馆. 他们从大门 P 入

馆,从大门 Q 离馆(图13).在参观中,他们除了一道门没有经过外,馆内其他每道门都经过一次并且仅为一次.他们没有经过的门是( ).

A. R　　　　　B. S　　　　　C. T
D. U　　　　　E. V

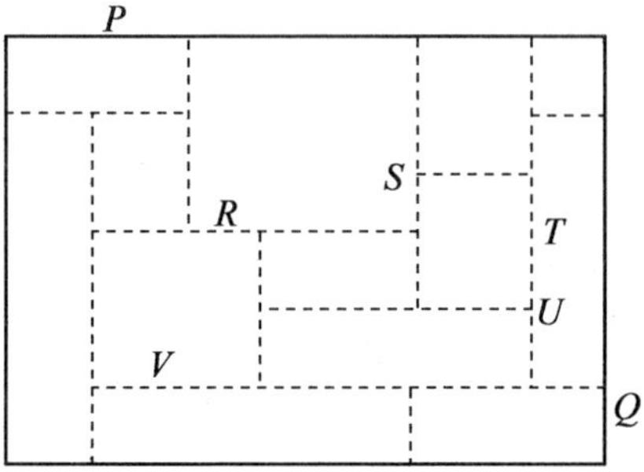

图13

解　除了由 T 门相通的两个房间外,其余所有的房门都有偶数道门.对每个有奇数道门的房间,学生肯定不能只经过它的门奇数次.由于他们没有经过的恰好只有一道门,所以这道门必定是 T 门.　(C)

注　这道题是欧拉(Euler)的哥尼斯堡(Königsberg)七桥问题的一个变型.

第7章 1991年试题

1. 9.2 + 2.9 等于( ).

A. 11.11　　　B. 12.1　　　C. 18.4

D. 9.49　　　E. 11.1

解 9.2 + 2.9 = 12.1. 　　　　　　(B)

2. 在图1中,x 等于( ).

A. 100　　　B. 110　　　C. 120

D. 130　　　E. 140

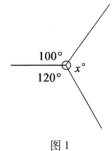

图1

解 $x° = 360° - 220° = 140°$. 　　　　(E)

3. $\dfrac{3}{5} \times \dfrac{10}{21}$ 等于( ).

A. $\dfrac{1}{2}$　　　B. $\dfrac{2}{7}$　　　C. $\dfrac{13}{105}$

D. $\dfrac{15}{13}$　　　E. $\dfrac{103}{105}$

93

解 $\dfrac{3}{5} \times \dfrac{10}{21} = \dfrac{2}{7}$.　　　　　　(B)

4. 0.5×0.03 等于(　　).

A. 0.15　　B. 0.53　　C. 0.053

D. 0.015　　E. 1.5

解 $0.5 \times 0.03 = 0.015$.　　　(D)

5. 比 10 010 小 55 的数是(　　).

A. 9 955　　B. 9 965　　C. 9 555

D. 99 955　　E. 99 965

解 $10\ 010 - 55 = 9\ 955$.　　　(A)

6. 如果用 $\dfrac{1}{12}$ 乘 24,再加 12,则得到(　　).

A. $36\dfrac{1}{12}$　　B. 24　　C. 14

D. 36　　E. 300

解 $24 \times \dfrac{1}{12} + 12 = 2 + 12 = 14$.　　(C)

7. 一个正方形的面积为 25 cm². 它的周长是(　　).

A. 16 cm　　B. 15 cm　　C. 20 cm

D. 10 cm　　E. 25 cm

解 若正方形的面积是 25 cm²,那么它的每边长为 5 cm,于是它的周长为 $4 \times 5 = 20$ (cm). (C)

8. 在图 2 中,x 等于(　　).

A. 34　　B. 33　　C. 46

D. 67　　E. 23

第 7 章　1991 年试题

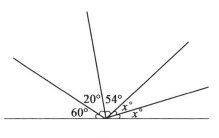

图 2

解　$2x° + 60° + 20° + 54° = 180°$，即 $2x° + 134° = 180°$，$2x° = 46°$ 或 $x° = 23°$.　　（ E ）

9. 数字 1 991 是一个"回文"字，因为按数字从左至右或从右至左读是一样的. 从 1991 年起到下一个回文字的年还有几年？（　　）.

　　A. 9 年　　　　B. 11 年　　　　C. 121 年

　　D. 231 年　　　E. 1 001 年

解　下一个回文字的年是 2002 年. $2\,002 - 1\,991 = 11$.　　（ B ）

10. 设 $x > 7$，下列哪个分式是最小的？（　　）.

　　A. $\dfrac{x}{7}$　　　　B. $\dfrac{7}{x}$　　　　C. $\dfrac{7}{x+1}$

　　D. $\dfrac{x+1}{7}$　　　E. $\dfrac{7}{x-1}$

解　当 $x > 7$ 时，比较分母可知 $\dfrac{7}{x+1} < \dfrac{7}{x} < \dfrac{7}{x-1}$，当 $x = 7$ 时，有 $\dfrac{7}{x+1} < \dfrac{x}{7} < \dfrac{x+1}{7}$，而且随着 x 的增加，$\dfrac{7}{x+1}$ 减小而另两项增加.　　（ C ）

95

11. 旅游者用 1 澳元可换得 1.25 新西兰元. 为了换得 1 000 新西兰元,所需的澳元为(　　).

A. 750　　　　B. 800　　　　C. 875

D. 1 200　　　E. 1 250

解 所需澳元数为 $\dfrac{1\,000}{1.25} = 800$. 　　(B)

12. 有一块草地需按每 100 m² 用 2.5 kg 的比率施肥. 该草地的形状和大小如图 3 所示,其中的角都是直角. 所需肥料的总量应为(　　).

A. 18 kg　　　B. 19 kg　　　C. 20 kg

D. 22 kg　　　E. 24 kg

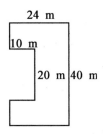

图 3

解 草地所占的面积为 $24 \times 40 - 10 \times 20 = 760$ (m)². 故所需草地肥料的总量为 $760 \times (2.5 \div 100) = 19$(kg). 　　(B)

13. 你的心脏每秒钟约挤压出 80 mL 血液,那么在一天中所挤压出的血液体积(以 L 为单位)是(　　).

A. 7 L　　　　B. 70 L　　　　C. 500 L

D. 5000 L　　E. 7000 L

解 一天中挤压出的量 $= \frac{1}{1\,000} 80 \times 60 \times 60 \times 24 = 8 \times 6 \times 6 \times 24 = 6\,912$,约 $7\,000$ L.　　　(E)

14. 四个数的平均值是 48. 若每个数减去 8,则所得的四个新数的平均值为( ).

　　A. 16　　　B. 40　　　C. 46

　　D. 44　　　E. 6

解 如果每个数减 8,则平均数也减去 8,即从 48 减到 40.　　　　　　　　　　　　　　(B)

15. 三角形三边长度(以 cm 为单位)为 $2x, 3x$ 和 $4x$. 设三角形周长为 45 cm,那么最长边与最短边的差为( ).

　　A. 5 cm　　　B. 10 cm　　　C. 15 cm

　　D. 20 cm　　　E. 25 cm

解 此时 $9x = 45$,故 $x = 5$. 最长边与最短边分别是 20 cm 和 10 cm,其差为 10 cm.　(B)

16. 如果 $P\uparrow$ 表示 $P+1$,$P\downarrow$ 表示 $P-1$,则 $4\uparrow \times 3\downarrow$ 等于( ).

　　A. $9\downarrow$　　　B. $10\uparrow$　　　C. $11\downarrow$

　　D. $12\uparrow$　　　E. $13\downarrow$

解 我们注意到 $(4\uparrow) \times (3\downarrow) = 5 \times 2 = 10$,它等于 $11\downarrow$.　　　　　　　　　　　(C)

17. 一个四边形的三个外角都等于 150°. 另一个外角如图 4 标记为 x. x 的值是( ).

　　A. 90　　　B. 30　　　C. 60

　　D. 45　　　E. 120

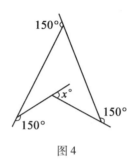

图4

解 一个四边形的各角之和必为360°. 根据题设,其中三个角都是30°(150°的补角),另一个是夹角(180°+x°). 我们有30°+30°+30°+(180°+x°) = 360°. 于是 $x°$ = 90°.　　　　　　　　(A)

18. 动物园中的一头象按照规定的饮食标准,每天要吃一份胡萝卜,这头象一天吃的胡萝卜数量等于一只兔子吃一年(365天)的数量. 在一天中,象与兔子共吃了111 kg胡萝卜,问兔子每天吃掉多少千克的胡萝卜?(　　).

A. $\frac{1}{2}$ kg　　　　B. $\frac{111}{165}$ kg　　　　C. $\frac{37}{122}$ kg

D. $\frac{19}{61}$ kg　　　　E. $\frac{22}{73}$ kg

解 设兔子每天吃 x kg 胡萝卜,则
$$x + 365x = 111, 即 366x = 111$$
我们得 $x = \frac{111}{366} = \frac{37}{122}$.　　　　　　　　(C)

19. 皮兰(Piran)有一块 4×4 的方格板如图5所示. 他希望在板上放尽可能多的棋子,规则是每个小方格

中至多放1颗棋子,而且在每行、每列和对角线上至多放3颗棋子,这样最多可在方格板上放置几颗棋子?
( ).

A. 9 颗　　　　B. 10 颗　　　　C. 11 颗

D. 12 颗　　　　E. 13 颗

图 5

解　因为任何一行都不能有多于3颗的棋子,故放置的棋子数最多不能超过12颗.图6中显示了12颗棋子适当的放置方式.

图 6

(D)

20. 假设全世界的蚊子有 36 000 000 000 只,它们被关在一个立方体状的盒子内,其中已无任何空隙. 若平均每只蚊子的体积为 6 mm^3,该盒子的边需要多长?( ).

A. 6 m B. 36 cm C. 6 cm
D. 36 m E. 6 km

解 全部蚊子的体积为 $6^3 \times 1\,000^3$ mm^3,所以盒子的边长为 $6\,000$ mm $= 6$ m. (A)

21. 如图7摆放着九个正方形. 若正方形A的面积为 1 cm^2,正方形B的面积为 81 cm^2,那么正方形I的面积等于( ).

A. 196 cm^2 B. 256 cm^2 C. 289 cm^2
D. 324 cm^2 E. 361 cm^2

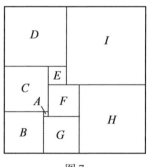

图7

解 边的长度,可按如下方法推导出来. 因正方形A的边长为 1 cm,而正方形B的边长为 9 cm,那么正方形G的边长为 8 cm,正方形F的边长是 7 cm 而正方形H的边长 15 cm. 同样,正方形C的边长是 10 cm,所以正方形E的边长为 $(10 - (7 - 1))$ cm $= 4$ cm. 这样正方形I的边长为 $(15 + 7 - 4)$ cm $= 18$ cm. 故I的面积为 324 cm^2. (D)

22. 小于 $1\,000$ 的正整数中有几个其数字之和为 6?( ).

A. 28 个　　　　B. 19 个　　　　C. 111 个

D. 18 个　　　　E. 27 个

解 这样的整数可以有规律地罗列如下

```
  6   15   24   33   42   51   60
105  114  123  132  141  150
204  213  222  231  240
303  312  321  330
402  411  420
501  510
600
```

共有 28 个.　　　　　　　　　　　　　　(A)

23. 在图 8 中,∠PQR = 12°,如图做一系列等腰三角形,最多能做几个这样的三角形?(　　).

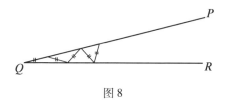

图 8

A. 8 个　　　　B. 4 个　　　　C. 5 个

D. 7 个　　　　E. 6 个

解 如图 9 所示,可能做七个这样的三角形:

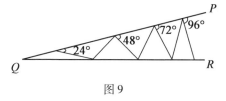

图 9

当 96° 角出现后,不能进一步做出符合要求的三

角形. （ D ）

24. 玛丽亚(Maria)要乘公共汽车出门,她知道必须不多不少地付足车费,但她不知道车费是多少,只知道是在 1.00 澳元到 3.00 澳元之间. 为了保证准确地带够车费,她至少需带多少枚硬币?(假定可用的币值为 1 分,2 分,5 分,10 分,20 分,50 分,1 澳元,2 澳元这几种)( ).

A. 6 枚 　　　B. 7 枚 　　　C. 8 枚
D. 9 枚 　　　E. 10 枚

解　为了付出尾数为 1 分,2 分,……,9 分的钱,玛丽亚需要一枚 1 分,两枚 2 分和一枚 5 分的硬币. 为了付出 10 分,20 分,……,90 分的钱. 她需要一枚 10 分,两枚 20 分和一枚 50 分的硬币. 最后加上两枚 1 澳元硬币就足以应付 1 澳元到 3 澳元之间的任何票价. 这样总共需要 10 枚硬币.　　　（ E ）

25. 玛丽(Mary)的哥哥与祖母都在很年轻时就去世了. 他们活的年龄之和是 66 岁. 玛丽的哥哥在他们的祖母出生后 93 年死去. 玛丽的祖母死后多少年她的哥哥出生?( ).

A. 37 　　　B. 33 　　　C. 30
D. 27 　　　E. 17

解　如图 10 所示,设 G 是祖母去世时的年龄,B 是哥哥去世时的年龄,D 是从祖母去世到哥哥出生经过的年数

第7章　1991年试题

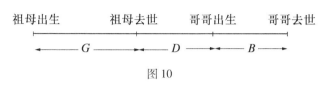

图10

已知 $G+B=66, G+D+B=93$,故 $D=27$.

(D)

26. 本(Ben)从商店买了40支三种不同型号的笔,共用40澳元. 若每支笔的价格分别为25分,1澳元和5澳元,且1澳元的笔比5澳元的笔多. 问买了多少支25分的笔?(　　).

A. 20　　　　B. 12　　　　C. 24
D. 16　　　　E. 18

解　设有 x 支价值5澳元的笔,y 支价值为1澳元的笔和 z 支价值为25分的笔. 则由笔的数目和买的价钱可得

$$x+y+z=40$$
$$5x+y+0.25z=40$$

两式相减得出 $4x-0.75z=0$,或 $x=\dfrac{3z}{16}$.

仅有的 z 的正整数解为 $z=16$ 或 $z=32$. 如果 $z=32$,则 $x=6, y=2$,这违背了 $y>x$ 的要求. 另一解是 $z=16, x=3$ 和 $y=21$,这是合乎要求的解.

(D)

27. 在100到999之间有多少个这样的整数,组成它的数字是严格递减的(如321,961,而322不是)?
(　　).

A. 36　　　　B. 84　　　　C. 112

D. 120　　　　E. 898

解　我们可以将这些数全列出来,或注意到答案是前8个三角形数之和.例如,不存在以1开头的这样的三位数,以2开头的只有1个,即210.以3开头的有310(即210 + 100)以及另外两个以32开始的数,即320和321,共3个.以4开头的,首先是将每个以3开头的数加上100,再考虑那些以43开始的数,有430,431和432.答案是

$$1 + 3 + 6 + 10 + 15 + 21 + 28 + 36 = 120$$

(D)

28. 一个立方体的角都被切去,形成一些三角形面.当图11的所有24个角都用对角线连起来,问这些对角线中穿过图形内部的共有多少条?(　　).

A. 84 条　　　　B. 108 条　　　　C. 120 条
D. 142 条　　　　E. 240 条

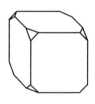

图11

解　任一个角可通过图形内部的对角线跟其他10个角相连.这里共有24个角,故穿过图形内部的对角线的总数(注意要用2除,以保证每条对角线只计算一次,避免重复计数)为 $\frac{1}{2}(24 \times 10) = 120$.

(C)

编辑手记

数学竞赛是一项吸引人的活动,著名数学家 M. Gardner 指出:初学者解答一个巧题时得到了快乐,数学家解决了更先进的问题时也得到了快乐,在这两种快乐之间没有很大的区别.二者都关注美丽动人之处——即支撑着所有结构的那匀称的,定义分明的,神秘的和迷人的秩序.

由于中国数学奥林匹克如同乒乓球和围棋一样在世界享有盛誉,所以有关数学竞赛的书籍也多如牛毛,但这是本工作室首次出版澳大利亚的数学竞赛题解.

澳大利亚笔者没有去过,但与之相邻的新西兰笔者去过多次,虽然新西兰

澳大利亚中学数学竞赛试题及解答(初级卷)1985—1991

也出过菲尔兹奖得主即琼斯——琼斯多项式的提出者,但整体上数学教育水平还是澳大利亚略高一筹.以至于新西兰中小学生参加的数学竞赛还是使用澳大利亚的竞赛题目,按说从历史上看新西兰的早期移民大多是欧洲的贵族,而澳大利亚居民大多是被发配的罪犯,经过百年的历史演变可以看出社会制度的威力,这是值得我们深思的.再一个可供我们反思的是澳大利亚慢生活的魅力.我们近四十年来,高歌猛进,大干快上,锐意进取,岁月匆匆.

回顾历史,19世纪的欧洲,大量的娱乐时间意味着一个人的社会地位很高:一位哲学家曾这样描述1840年前后巴黎文人、学士的生活——他们的时间十分富余,以至于在游乐场遛乌龟成了一件非常时髦的事情,类似的项目在澳大利亚还能找到.

摘一段《数学竞赛史话》(单墫著,广西教育出版社,1990.)中关于澳大利亚数学竞赛的介绍.

第29届IMO于1988年在澳大利亚首都堪培拉举行.

这一届IMO有49个国家和地区参加,选手达到268名.规模之大超过以往任何一届.

这一年,恰逢澳大利亚建国200周年,整个IMO的活动在十分热烈、隆重的气氛中进行.

这是第一次在南半球举行的IMO,也是

编辑手记

第一次在亚洲地区和太平洋沿岸地区举行的 IMO. 参赛的非欧洲国家和地区有 25 个,第一次超过了欧洲国家(24 个).

东道主澳大利亚自 1971 年开展全国性的数学竞赛,并且在 70 年代末成立了设在国家科学院之下的澳大利亚数学奥林匹克委员会,该委员会专门负责选拔和培训澳大利亚参加 IMO 的代表队. 澳大利亚各州都有一名人员参加这个委员会的工作. 澳大利亚自 1981 年起,每年都参加 IMO. IMO(物理、化学奥林匹克)的培训都在堪培拉高等教育学院进行. 澳大利亚数学会一直对这个活动给予经费与业务方面的支持和帮助. 澳大利亚 IBM 有限公司每年提供赞助.

早在 1982 年,澳大利亚数学会及一些数学界、教育界人士就提出在 1988 年庆祝该国建国 200 周年之际举办 IMO. 澳大利亚政府接受了这一建议,并确定第 29 届 IMO 为澳大利亚建国 200 周年的教育庆祝活动. 在 1984 年成立了"澳大利亚 1988 年 IMO 委员会". 委员会的成员包括政府、科学、教育、企业等各界人士. 澳大利亚为第 29 届 IMO 做了大量准备工作,政府要员也纷纷出马. 总理霍克与教育部部长为举办 IMO 所印的宣传册等写祝词. 霍克还出席了竞赛的颁奖仪式,他亲自为荣获金奖(一等奖)的 17 位中学生(包括我国的何宏宇和陈晞)颁奖,并发表了热情洋溢的讲话.竞赛期间澳大利亚国土部部长在国会大厦为各国领队举行了招待会,国家科学院院长也举办了鸡尾酒会.竞赛结束时,教育部部长设宴招待所有参加 IMO 的人员.澳大利亚数学界的教授、学者也做了大量的组织接待及业务工作,为这届 IMO 作出了巨大的贡献.竞赛地点在堪培拉高等教育学院.组织者除了堪培拉的活动外,还安排了各代表队在悉尼的旅游.澳大利亚 IBM 公司将这届 IMO 列为该公司 1988 年的 14 项工作之一,它是这届 IMO 的最大的赞助商.

竞赛的最高领导机构是"澳大利亚 1988 年 IMO 委员会",由 23 人组成(其中有 7 位教授,4 位博士).主席为澳大利亚科学院院士、亚特兰大大学的波茨(R. Potts)教授.在 1984 年至 1988 年期间,该委员会开过 3 次会来确定组织机构、组织方案、经费筹措等重大问题.在 1984 年的会议上决定成立"1988 年 IMO 组织委员会",负责具体的组织工作.

组委会共有 13 人(其中有 3 位教授,4 位博士),主席为堪培拉高等教育学院的奥哈伦(P. J. O'Halloran)先生,波茨教授也是组委会委员.

组委会下设6个委员会.

1. 学术委员会

主席由组委会委员、新南威尔士大学的戴维·亨特(D. Hunt)博士担任.下设两个委员会:

(1) 选题委员会.由6人组成(包括3位教授,1位副教授和1位博士.其中有两位为科学院院士).该委员会负责对各国提供的赛题进行审查、挑选,并推荐其中的一些题目给主试委员会讨论.

(2) 协调委员会.由主任协调员1人,高级协调员6人(其中有两位教授,1位副教授,1位博士),协调员33人(其中有5位副教授,18位博士)组成.协调员中有5位曾代表澳大利亚参加IMO并获奖.协调委员会负责试卷的评分工作;分为6个组,每组在1位高级协调员的领导下核定一道试题的评分.

2. 活动计划委员会

该委员会有70人左右,负责竞赛期间各代表队的食宿、交通、活动等后勤工作.给每个代表队配备1位向导.向导身着印有IMO标记的统一服装.各队如有什么要求或问题均可通过向导反映.IMO的一切活动也由向导传送到各代表队.

3. 信息委员会

负责竞赛前及竞赛期间的文件的编印,

准备奖品和证书等.

4. 礼仪委员会

负责澳大利亚政府为 1988 年 IMO 组织的庆典仪式、宴会等活动. 由内阁有关部门、澳大利亚数学基金会、首都特区教育部门、一些院校及社会公益部门的人员组成.

5. 财务委员会

负责这届 IMO 的财务管理. 由两位博士分别担任主席和顾问,一位教授任司库.

6. 主试委员会(Jury,或译为评审委员会)

由澳大利亚数学界人士和各国或地区领队组成. 主席为波茨教授. 别设副主席、翻译、秘书各 1 位.

主试委员会为 IMO 的核心. 有关竞赛的任何重大问题必须经主试委员会表决通过后才能施行,所以主席必须是数学界的权威人士,办事果断并具有相当的外交经验.

以上 6 个委员会共约 140 人,有些人身兼数职. 各机构职能分明又互相配合.

这届竞赛活动于 1988 年 7 月 9 日开始. 各代表队在当日抵达悉尼并于当日去新南威尔士大学报到. 领队报到后就离开代表队住在另一个宾馆,并于 11 日去往堪培拉. 各代表队在副领队的带领下由澳大利亚方面安排在悉尼参观游览,14 日去往堪培拉,住

编辑手记

在堪培拉高等教育学院.

领队抵达堪培拉后,住在澳大利亚国立大学,参加主试委员会,确定竞赛试题,译成本国文字.在竞赛的第二天(16日)领队与本国或本地区代表队汇合,并与副领队一起批阅试卷.

竞赛在15、16日两天上午进行,从8:30开始,有15个考场,每个考场有17至18名学生.同一代表队的选手分布在不同的考场.比赛的前半小时(8:30 - 9:00)为学生提问时间.每个学生有三张试卷,一题一张;又有三张专供提问的纸,也是一题一张.试卷和问题纸上印有学生的编号和题号.学生将问题写在问题纸上由传递员传送.此时领队们在距考场不远的教室等候.学生所提问题由传递员首先送给主试委员会主席过目后,再交给领队.领队必须将学生所提问题译成工作语言当众宣读,由主试委员会决定是否应当回答.领队的回答写好后,必须当众宣读,经主试委员会表决同意后,再由传递员送给学生.

阅卷的结果及时公布在记分牌上.各代表队的成绩如何,一目了然.

根据中国香港代表队的建议,第29届IMO首次设立了荣誉奖,颁发给那些虽然未能获得一、二、三等奖,但至少有一道题得到满分的选手. 于是有 26 个代表队的 33 名选手获得了荣誉奖,其中有 7 个代表队是没有获得一、二、三等奖的. 设置荣誉奖的做法,显然有利于调动更多国家或地区、更多选手的积极性.

在整个竞赛期间,澳大利亚工作人员认真负责,彬彬有礼,效率之高令人赞叹!

为了表达对大家的感谢,荷兰领队 J. Noten boom 教授完成了一件奇迹般的工作,他用 200 个高脚玻璃杯组成了一个大球(非常优美的数学模型!),在告别宴会上赠给组委会主席奥哈伦教授.

单墫教授当年在这本著作出版后即赠了一本给笔者,二十多年过去了,这本书仍留在笔者的案头上,听说最近又要再版了.

寥寥数语,是以为记.

刘培杰

2019.2.21

于哈工大

刘培杰数学工作室
已出版(即将出版)图书目录——初等数学

书 名	出版时间	定 价	编号
新编中学数学解题方法全书(高中版)上卷(第2版)	2018—08	58.00	951
新编中学数学解题方法全书(高中版)中卷(第2版)	2018—08	68.00	952
新编中学数学解题方法全书(高中版)下卷(一)(第2版)	2018—08	58.00	953
新编中学数学解题方法全书(高中版)下卷(二)(第2版)	2018—08	58.00	954
新编中学数学解题方法全书(高中版)下卷(三)(第2版)	2018—08	68.00	955
新编中学数学解题方法全书(初中版)上卷	2008—01	28.00	29
新编中学数学解题方法全书(初中版)中卷	2010—07	38.00	75
新编中学数学解题方法全书(高考复习卷)	2010—01	48.00	67
新编中学数学解题方法全书(高考真题卷)	2010—01	38.00	62
新编中学数学解题方法全书(高考精华卷)	2011—03	68.00	118
新编平面解析几何解题方法全书(专题讲座卷)	2010—01	18.00	61
新编中学数学解题方法全书(自主招生卷)	2013—08	88.00	261
数学奥林匹克与数学文化(第一辑)	2006—05	48.00	4
数学奥林匹克与数学文化(第二辑)(竞赛卷)	2008—01	48.00	19
数学奥林匹克与数学文化(第二辑)(文化卷)	2008—07	58.00	36'
数学奥林匹克与数学文化(第三辑)(竞赛卷)	2010—01	48.00	59
数学奥林匹克与数学文化(第四辑)(竞赛卷)	2011—08	58.00	87
数学奥林匹克与数学文化(第五辑)	2015—06	98.00	370
世界著名平面几何经典著作钩沉——几何作图专题卷(上)	2009—06	48.00	49
世界著名平面几何经典著作钩沉——几何作图专题卷(下)	2011—01	88.00	80
世界著名平面几何经典著作钩沉——民国平面几何老课本	2011—03	38.00	113
世界著名平面几何经典著作钩沉(建国初期平面三角老课本)	2015—08	38.00	507
世界著名解析几何经典著作钩沉——平面解析几何卷	2014—01	38.00	264
世界著名数论经典著作钩沉(算术卷)	2012—01	28.00	125
世界著名数学经典著作钩沉——立体几何卷	2011—02	28.00	88
世界著名三角学经典著作钩沉(平面三角卷Ⅰ)	2010—06	28.00	69
世界著名三角学经典著作钩沉(平面三角卷Ⅱ)	2011—01	38.00	78
世界著名初等数论经典著作钩沉(理论和实用算术卷)	2011—07	38.00	126
发展你的空间想象力	2017—06	38.00	785
走向国际数学奥林匹克的平面几何试题诠释(上、下)(第1版)	2007—01	68.00	11,12
走向国际数学奥林匹克的平面几何试题诠释(上、下)(第2版)	2010—02	98.00	63,64
平面几何证明方法全书	2007—08	35.00	1
平面几何证明方法全书习题解答(第1版)	2005—10	18.00	2
平面几何证明方法全书习题解答(第2版)	2006—12	18.00	10
平面几何天天练上卷·基础篇(直线型)	2013—01	58.00	208
平面几何天天练中卷·基础篇(涉及圆)	2013—01	28.00	234
平面几何天天练下卷·提高篇	2013—01	58.00	237
平面几何专题研究	2013—07	98.00	258

刘培杰数学工作室
已出版(即将出版)图书目录——初等数学

书　名	出版时间	定　价	编号
最新世界各国数学奥林匹克中的平面几何试题	2007—09	38.00	14
数学竞赛平面几何典型题及新颖解	2010—07	48.00	74
初等数学复习及研究(平面几何)	2008—09	58.00	38
初等数学复习及研究(立体几何)	2010—06	38.00	71
初等数学复习及研究(平面几何)习题解答	2009—01	48.00	42
几何学教程(平面几何卷)	2011—03	68.00	90
几何学教程(立体几何卷)	2011—07	68.00	130
几何变换与几何证题	2010—06	88.00	70
计算方法与几何证题	2011—06	28.00	129
立体几何技巧与方法	2014—04	88.00	293
几何瑰宝——平面几何500名题暨1000条定理(上、下)	2010—07	138.00	76,77
三角形的解法与应用	2012—07	18.00	183
近代的三角形几何学	2012—07	48.00	184
一般折线几何学	2015—08	48.00	503
三角形的五心	2009—06	28.00	51
三角形的六心及其应用	2015—10	68.00	542
三角形趣谈	2012—08	28.00	212
解三角形	2014—01	28.00	265
三角学专门教程	2014—09	28.00	387
图天下几何新题试卷.初中(第2版)	2017—11	58.00	855
圆锥曲线习题集(上册)	2013—06	68.00	255
圆锥曲线习题集(中册)	2015—01	78.00	434
圆锥曲线习题集(下册·第1卷)	2016—10	78.00	683
圆锥曲线习题集(下册·第2卷)	2018—01	98.00	853
论九点圆	2015—05	88.00	645
近代欧氏几何学	2012—03	48.00	162
罗巴切夫斯基几何学及几何基础概要	2012—07	28.00	188
罗巴切夫斯基几何学初步	2015—06	28.00	474
用三角、解析几何、复数、向量计算解数学竞赛几何题	2015—03	48.00	455
美国中学几何教程	2015—04	88.00	458
三线坐标与三角形特征点	2015—04	98.00	460
平面解析几何方法与研究(第1卷)	2015—05	18.00	471
平面解析几何方法与研究(第2卷)	2015—06	18.00	472
平面解析几何方法与研究(第3卷)	2015—07	18.00	473
解析几何研究	2015—01	38.00	425
解析几何学教程.上	2016—01	38.00	574
解析几何学教程.下	2016—01	38.00	575
几何学基础	2016—01	58.00	581
初等几何研究	2015—02	58.00	444
十九和二十世纪欧氏几何学中的片段	2017—01	58.00	696
平面几何中考.高考.奥数一本通	2017—07	28.00	820
几何学简史	2017—08	28.00	833
四面体	2018—01	48.00	880
平面几何证明方法思路	2018—12	68.00	913
平面几何图形特性新析.上篇	2019—01	68.00	911
平面几何图形特性新析.下篇	2018—06	88.00	912
平面几何范例多解探究.上篇	2018—04	48.00	910
平面几何范例多解探究.下篇	2018—12	68.00	914
从分析解题过程学解题:竞赛中的几何问题研究	2018—07	68.00	946
二维、三维欧氏几何的对偶原理	2018—12	38.00	990

刘培杰数学工作室
已出版(即将出版)图书目录——初等数学

书　名	出版时间	定价	编号
俄罗斯平面几何问题集	2009—08	88.00	55
俄罗斯立体几何问题集	2014—03	58.00	283
俄罗斯几何大师——沙雷金论数学及其他	2014—01	48.00	271
来自俄罗斯的5000道几何习题及解答	2011—03	58.00	89
俄罗斯初等数学问题集	2012—05	38.00	177
俄罗斯函数问题集	2011—03	38.00	103
俄罗斯组合分析问题集	2011—01	48.00	79
俄罗斯初等数学万题选——三角卷	2012—11	38.00	222
俄罗斯初等数学万题选——代数卷	2013—08	68.00	225
俄罗斯初等数学万题选——几何卷	2014—01	68.00	226
俄罗斯《量子》杂志数学征解问题100题选	2018—08	48.00	969
俄罗斯《量子》杂志数学征解问题又100题选	2018—08	48.00	970
463个俄罗斯几何老问题	2012—01	28.00	152
《量子》数学短文精粹	2018—09	38.00	972
谈谈素数	2011—03	18.00	91
平方和	2011—03	18.00	92
整数论	2011—05	38.00	120
从整数谈起	2015—10	28.00	538
数与多项式	2016—01	38.00	558
谈谈不定方程	2011—05	28.00	119
解析不等式新论	2009—06	68.00	48
建立不等式的方法	2011—03	98.00	104
数学奥林匹克不等式研究	2009—08	68.00	56
不等式研究(第二辑)	2012—02	68.00	153
不等式的秘密(第一卷)	2012—02	28.00	154
不等式的秘密(第一卷)(第2版)	2014—02	38.00	286
不等式的秘密(第二卷)	2014—01	38.00	268
初等不等式的证明方法	2010—06	38.00	123
初等不等式的证明方法(第二版)	2014—11	38.00	407
不等式・理论・方法(基础卷)	2015—07	38.00	496
不等式・理论・方法(经典不等式卷)	2015—07	38.00	497
不等式・理论・方法(特殊类型不等式卷)	2015—07	48.00	498
不等式探究	2016—03	38.00	582
不等式探秘	2017—01	88.00	689
四面体不等式	2017—01	68.00	715
数学奥林匹克中常见重要不等式	2017—09	38.00	845
三正弦不等式	2018—09	98.00	974
同余理论	2012—05	38.00	163
[x]与{x}	2015—04	48.00	476
极值与最值.上卷	2015—06	28.00	486
极值与最值.中卷	2015—06	38.00	487
极值与最值.下卷	2015—06	28.00	488
整数的性质	2012—11	38.00	192
完全平方数及其应用	2015—08	78.00	506
多项式理论	2015—10	88.00	541
奇数、偶数、奇偶分析法	2018—01	98.00	876
不定方程及其应用.上	2018—12	58.00	992
不定方程及其应用.中	2019—01	78.00	993
不定方程及其应用.下	2019—02	98.00	994

刘培杰数学工作室
已出版(即将出版)图书目录——初等数学

书　名	出版时间	定　价	编号
历届美国中学生数学竞赛试题及解答(第一卷)1950—1954	2014—07	18.00	277
历届美国中学生数学竞赛试题及解答(第二卷)1955—1959	2014—04	18.00	278
历届美国中学生数学竞赛试题及解答(第三卷)1960—1964	2014—06	18.00	279
历届美国中学生数学竞赛试题及解答(第四卷)1965—1969	2014—04	28.00	280
历届美国中学生数学竞赛试题及解答(第五卷)1970—1972	2014—06	18.00	281
历届美国中学生数学竞赛试题及解答(第六卷)1973—1980	2017—07	18.00	768
历届美国中学生数学竞赛试题及解答(第七卷)1981—1986	2015—01	18.00	424
历届美国中学生数学竞赛试题及解答(第八卷)1987—1990	2017—05	18.00	769
历届 IMO 试题集(1959—2005)	2006—05	58.00	5
历届 CMO 试题集	2008—09	28.00	40
历届中国数学奥林匹克试题集(第 2 版)	2017—03	38.00	757
历届加拿大数学奥林匹克试题集	2012—08	38.00	215
历届美国数学奥林匹克试题集:多解推广加强	2012—08	38.00	209
历届美国数学奥林匹克试题集:多解推广加强(第 2 版)	2016—03	48.00	592
历届波兰数学竞赛试题集. 第 1 卷,1949～1963	2015—03	18.00	453
历届波兰数学竞赛试题集. 第 2 卷,1964～1976	2015—03	18.00	454
历届巴尔干数学奥林匹克试题集	2015—05	38.00	466
保加利亚数学奥林匹克	2014—10	38.00	393
圣彼得堡数学奥林匹克试题集	2015—01	38.00	429
匈牙利奥林匹克数学竞赛题解. 第 1 卷	2016—05	28.00	593
匈牙利奥林匹克数学竞赛题解. 第 2 卷	2016—05	28.00	594
历届美国数学邀请试题集(第 2 版)	2017—10	78.00	851
全国高中数学竞赛试题及解答. 第 1 卷	2014—07	38.00	331
普林斯顿大学数学竞赛	2016—06	38.00	669
亚太地区数学奥林匹克竞赛题	2015—07	18.00	492
日本历届(初级)广中杯数学竞赛试题及解答. 第 1 卷(2000～2007)	2016—05	28.00	641
日本历届(初级)广中杯数学竞赛试题及解答. 第 2 卷(2008～2015)	2016—05	38.00	642
360 个数学竞赛问题	2016—08	58.00	677
奥数最佳实战题. 上卷	2017—06	38.00	760
奥数最佳实战题. 下卷	2017—05	58.00	761
哈尔滨市早期中学数学竞赛试题汇编	2016—07	28.00	672
全国高中数学联赛试题及解答:1981—2017(第 2 版)	2018—05	98.00	920
20 世纪 50 年代全国部分城市数学竞赛试题汇编	2017—07	28.00	797
高中数学竞赛培训教程:平面几何问题的求解方法与策略. 上	2018—05	68.00	906
高中数学竞赛培训教程:平面几何问题的求解方法与策略. 下	2018—06	78.00	907
高中数学竞赛培训教程:整除与同余以及不定方程	2018—01	88.00	908
高中数学竞赛培训教程:组合计数与组合极值	2018—04	48.00	909
国内外数学竞赛题及精解:2016～2017	2018—07	45.00	922
许康华竞赛优学精选集. 第一辑	2018—08	68.00	949
高考数学临门一脚(含密押三套卷)(理科版)	2017—01	45.00	743
高考数学临门一脚(含密押三套卷)(文科版)	2017—01	45.00	744
新课标高考数学题型全归纳(文科版)	2015—05	72.00	467
新课标高考数学题型全归纳(理科版)	2015—05	82.00	468
洞穿高考数学解答核心考点(理科版)	2015—11	49.80	550
洞穿高考数学解答核心考点(文科版)	2015—11	46.80	551

刘培杰数学工作室
已出版(即将出版)图书目录——初等数学

书 名	出版时间	定 价	编号
高考数学题型全归纳:文科版.上	2016—05	53.00	663
高考数学题型全归纳:文科版.下	2016—05	53.00	664
高考数学题型全归纳:理科版.上	2016—05	58.00	665
高考数学题型全归纳:理科版.下	2016—05	58.00	666
王连笑教你怎样学数学:高考选择题解题策略与客观题实用训练	2014—01	48.00	262
王连笑教你怎样学数学:高考数学高层次讲座	2015—02	48.00	432
高考数学的理论与实践	2009—08	38.00	53
高考数学核心题型解题方法与技巧	2010—01	28.00	86
高考思维新平台	2014—03	38.00	259
30分钟拿下高考数学选择题、填空题(理科版)	2016—10	39.80	720
30分钟拿下高考数学选择题、填空题(文科版)	2016—10	39.80	721
高考数学压轴题解题诀窍(上)(第2版)	2018—01	58.00	874
高考数学压轴题解题诀窍(下)(第2版)	2018—01	48.00	875
北京市五区文科数学三年高考模拟题详解:2013~2015	2015—08	48.00	500
北京市五区理科数学三年高考模拟题详解:2013~2015	2015—09	68.00	505
向量法巧解数学高考题	2009—08	28.00	54
高考数学万能解题法(第2版)	即将出版	38.00	691
高考物理万能解题法(第2版)	即将出版	38.00	692
高考化学万能解题法(第2版)	即将出版	28.00	693
高考生物万能解题法(第2版)	即将出版	28.00	694
高考数学解题金典(第2版)	2017—01	78.00	716
高考物理解题金典(第2版)	即将出版	68.00	717
高考化学解题金典(第2版)	即将出版	58.00	718
我一定要赚分:高中物理	2016—01	38.00	580
数学高考参考	2016—01	78.00	589
2011~2015年全国及各省市高考数学文科精品试题审题要津与解法研究	2015—10	68.00	539
2011~2015年全国及各省市高考数学理科精品试题审题要津与解法研究	2015—10	88.00	540
最新全国及各省市高考数学试卷解法研究及点拨评析	2009—02	38.00	41
2011年全国及各省市高考数学试题审题要津与解法研究	2011—10	48.00	139
2013年全国及各省市高考数学试题解析与点评	2014—01	48.00	282
全国及各省市高考数学试题审题要津与解法研究	2015—02	48.00	450
新课标高考数学——五年试题分章详解(2007~2011)(上、下)	2011—10	78.00	140,141
全国中考数学压轴题审题要津与解法研究	2013—04	78.00	248
新编全国及各省市中考数学压轴题审题要津与解法研究	2014—05	58.00	342
全国及各省市5年中考数学压轴题审题要津与解法研究(2015版)	2015—04	58.00	462
中考数学专题总复习	2007—04	28.00	6
中考数学较难题、难题常考题型解题方法与技巧.上	2016—01	48.00	584
中考数学较难题、难题常考题型解题方法与技巧.下	2016—01	58.00	585
中考数学较难题常考题型解题方法与技巧	2016—09	48.00	681
中考数学难题常考题型解题方法与技巧	2016—09	48.00	682
中考数学中档题常考题型解题方法与技巧	2017—08	68.00	835
中考数学选择填空压轴好题妙解365	2017—05	38.00	759

刘培杰数学工作室
已出版(即将出版)图书目录——初等数学

书 名	出版时间	定 价	编号
中考数学小压轴汇编初讲	2017-07	48.00	788
中考数学大压轴专题微言	2017-09	48.00	846
北京中考数学压轴题解题方法突破(第4版)	2019-01	58.00	1001
助你高考成功的数学解题智慧:知识是智慧的基础	2016-01	58.00	596
助你高考成功的数学解题智慧:错误是智慧的试金石	2016-04	58.00	643
助你高考成功的数学解题智慧:方法是智慧的推手	2016-04	68.00	657
高考数学奇思妙解	2016-04	38.00	610
高考数学解题策略	2016-05	48.00	670
数学解题泄天机(第2版)	2017-10	48.00	850
高考物理压轴题全解	2017-04	48.00	746
高中物理经典问题25讲	2017-05	28.00	764
高中物理教学讲义	2018-01	48.00	871
2016年高考文科数学真题研究	2017-04	58.00	754
2016年高考理科数学真题研究	2017-04	78.00	755
初中数学、高中数学脱节知识补缺教材	2017-06	48.00	766
高考数学小题抢分必练	2017-10	48.00	834
高考数学核心素养解读	2017-09	38.00	839
高考数学客观题解题方法和技巧	2017-10	38.00	847
十年高考数学精品试题审题要津与解法研究.上卷	2018-01	68.00	872
十年高考数学精品试题审题要津与解法研究.下卷	2018-01	58.00	873
中国历届高考数学试题及解答.1949—1979	2018-01	38.00	877
历届中国高考数学试题及解答.第二卷,1980—1989	2018-10	28.00	975
历届中国高考数学试题及解答.第三卷,1990—1999	2018-10	48.00	976
数学文化与高考研究	2018-03	48.00	882
跟我学解高中数学题	2018-07	58.00	926
中学数学研究的方法及案例	2018-05	58.00	869
高考数学抢分技能	2018-07	68.00	934
高一新生常用数学方法和重要数学思想提升教材	2018-06	38.00	921
2018年高考数学真题研究	2019-01	68.00	1000
新编640个世界著名数学智力趣题	2014-01	88.00	242
500个最新世界著名数学智力趣题	2008-06	48.00	3
400个最新世界著名数学最值问题	2008-09	48.00	36
500个世界著名数学征解问题	2009-06	48.00	52
400个中国最佳初等数学征解老问题	2010-01	48.00	60
500个俄罗斯数学经典老题	2011-01	28.00	81
1000个国外中学物理好题	2012-04	48.00	174
300个日本高考数学题	2012-05	38.00	142
700个早期日本高考数学试题	2017-02	88.00	752
500个前苏联早期高考数学试题及解答	2012-05	28.00	185
546个早期俄罗斯大学生数学竞赛题	2014-03	38.00	285
548个来自美苏的数学好问题	2014-11	28.00	396
20所苏联著名大学早期入学试题	2015-02	18.00	452
161道德国工科大学生必做的微分方程习题	2015-05	28.00	469
500个德国工科大学生必做的高数习题	2015-06	28.00	478
360个数学竞赛问题	2016-08	58.00	677
200个趣味数学故事	2018-02	48.00	857
470个数学奥林匹克中的最值问题	2018-10	88.00	985
德国讲义日本考题.微积分卷	2015-04	48.00	456
德国讲义日本考题.微分方程卷	2015-04	38.00	457
二十世纪中叶中、英、美、日、法、俄高考数学试题精选	2017-06	38.00	783

刘培杰数学工作室
已出版(即将出版)图书目录——初等数学

书 名	出版时间	定 价	编号
中国初等数学研究 2009卷(第1辑)	2009—05	20.00	45
中国初等数学研究 2010卷(第2辑)	2010—05	30.00	68
中国初等数学研究 2011卷(第3辑)	2011—07	60.00	127
中国初等数学研究 2012卷(第4辑)	2012—07	48.00	190
中国初等数学研究 2014卷(第5辑)	2014—02	48.00	288
中国初等数学研究 2015卷(第6辑)	2015—06	68.00	493
中国初等数学研究 2016卷(第7辑)	2016—04	68.00	609
中国初等数学研究 2017卷(第8辑)	2017—01	98.00	712
几何变换(Ⅰ)	2014—07	28.00	353
几何变换(Ⅱ)	2015—06	28.00	354
几何变换(Ⅲ)	2015—01	38.00	355
几何变换(Ⅳ)	2015—12	38.00	356
初等数论难题集(第一卷)	2009—05	68.00	44
初等数论难题集(第二卷)(上、下)	2011—02	128.00	82,83
数论概貌	2011—03	18.00	93
代数数论(第二版)	2013—08	58.00	94
代数多项式	2014—06	38.00	289
初等数论的知识与问题	2011—02	28.00	95
超越数论基础	2011—03	28.00	96
数论初等教程	2011—03	28.00	97
数论基础	2011—03	18.00	98
数论基础与维诺格拉多夫	2014—03	18.00	292
解析数论基础	2012—08	28.00	216
解析数论基础(第二版)	2014—01	48.00	287
解析数论问题集(第二版)(原版引进)	2014—05	88.00	343
解析数论问题集(第二版)(中译本)	2016—04	88.00	607
解析数论基础(潘承洞,潘承彪著)	2016—07	98.00	673
解析数论导引	2016—07	58.00	674
数论入门	2011—03	38.00	99
代数数论入门	2015—03	38.00	448
数论开篇	2012—07	28.00	194
解析数论引论	2011—03	48.00	100
Barban Davenport Halberstam 均值和	2009—01	40.00	33
基础数论	2011—03	28.00	101
初等数论100例	2011—05	18.00	122
初等数论经典例题	2012—07	18.00	204
最新世界各国数学奥林匹克中的初等数论试题(上、下)	2012—01	138.00	144,145
初等数论(Ⅰ)	2012—01	18.00	156
初等数论(Ⅱ)	2012—01	18.00	157
初等数论(Ⅲ)	2012—01	28.00	158

刘培杰数学工作室
已出版(即将出版)图书目录——初等数学

书　名	出版时间	定　价	编号
平面几何与数论中未解决的新老问题	2013—01	68.00	229
代数数论简史	2014—11	28.00	408
代数数论	2015—09	88.00	532
代数、数论及分析习题集	2016—11	98.00	695
数论导引提要及习题解答	2016—01	48.00	559
素数定理的初等证明.第2版	2016—09	48.00	686
数论中的模函数与狄利克雷级数(第二版)	2017—11	78.00	837
数论:数学导引	2018—01	68.00	849
数学精神巡礼	2019—01	58.00	731
数学眼光透视(第2版)	2017—06	78.00	732
数学思想领悟(第2版)	2018—01	68.00	733
数学方法溯源(第2版)	2018—08	68.00	734
数学解题引论	2017—05	58.00	735
数学史话览胜(第2版)	2017—01	48.00	736
数学应用展观(第2版)	2017—08	68.00	737
数学建模尝试	2018—04	48.00	738
数学竞赛采风	2018—01	68.00	739
数学技能操握	2018—03	48.00	741
数学欣赏拾趣	2018—02	48.00	742
从毕达哥拉斯到怀尔斯	2007—10	48.00	9
从迪利克雷到维斯卡尔迪	2008—01	48.00	21
从哥德巴赫到陈景润	2008—05	98.00	35
从庞加莱到佩雷尔曼	2011—08	138.00	136
博弈论精粹	2008—03	58.00	30
博弈论精粹.第二版(精装)	2015—01	88.00	461
数学 我爱你	2008—01	28.00	20
精神的圣徒　别样的人生——60位中国数学家成长的历程	2008—09	48.00	39
数学史概论	2009—06	78.00	50
数学史概论(精装)	2013—03	158.00	272
数学史选讲	2016—01	48.00	544
斐波那契数列	2010—02	28.00	65
数学拼盘和斐波那契魔方	2010—07	38.00	72
斐波那契数列欣赏(第2版)	2018—08	58.00	948
Fibonacci数列中的明珠	2018—06	58.00	928
数学的创造	2011—02	48.00	85
数学美与创造力	2016—01	48.00	595
数海拾贝	2016—01	48.00	590
数学中的美	2011—02	38.00	84
数论中的美学	2014—12	38.00	351

刘培杰数学工作室
已出版(即将出版)图书目录——初等数学

书 名	出版时间	定 价	编号
数学王者 科学巨人——高斯	2015—01	28.00	428
振兴祖国数学的圆梦之旅:中国初等数学研究史话	2015—06	98.00	490
二十世纪中国数学史料研究	2015—10	48.00	536
数字谜、数阵图与棋盘覆盖	2016—01	58.00	298
时间的形状	2016—01	38.00	556
数学发现的艺术:数学探索中的合情推理	2016—07	58.00	671
活跃在数学中的参数	2016—07	48.00	675
数学解题——靠数学思想给力(上)	2011—07	38.00	131
数学解题——靠数学思想给力(中)	2011—07	48.00	132
数学解题——靠数学思想给力(下)	2011—07	38.00	133
我怎样解题	2013—01	48.00	227
数学解题中的物理方法	2011—06	28.00	114
数学解题的特殊方法	2011—06	48.00	115
中学数学计算技巧	2012—01	48.00	116
中学数学证明方法	2012—01	58.00	117
数学趣题巧解	2012—03	28.00	128
高中数学教学通鉴	2015—05	58.00	479
和高中生漫谈:数学与哲学的故事	2014—08	28.00	369
算术问题集	2017—03	38.00	789
张教授讲数学	2018—07	38.00	933
自主招生考试中的参数方程问题	2015—01	28.00	435
自主招生考试中的极坐标问题	2015—04	28.00	463
近年全国重点大学自主招生数学试题全解及研究.华约卷	2015—02	38.00	441
近年全国重点大学自主招生数学试题全解及研究.北约卷	2016—05	38.00	619
自主招生数学解证宝典	2015—09	48.00	535
格点和面积	2012—07	18.00	191
射影几何趣谈	2012—04	28.00	175
斯潘纳尔引理——从一道加拿大数学奥林匹克试题谈起	2014—01	28.00	228
李普希兹条件——从几道近年高考数学试题谈起	2012—10	18.00	221
拉格朗日中值定理——从一道北京高考试题的解法谈起	2015—10	18.00	197
闵科夫斯基定理——从一道清华大学自主招生试题谈起	2014—01	28.00	198
哈尔测度——从一道冬令营试题的背景谈起	2012—08	28.00	202
切比雪夫逼近问题——从一道中国台北数学奥林匹克试题谈起	2013—04	38.00	238
伯恩斯坦多项式与贝齐尔曲面——从一道全国高中数学联赛试题谈起	2013—03	38.00	236
卡塔兰猜想——从一道普特南竞赛试题谈起	2013—06	18.00	256
麦卡锡函数和阿克曼函数——从一道南斯拉夫数学奥林匹克试题谈起	2012—08	18.00	201
贝蒂定理与拉姆贝克莫斯尔定理——从一个拣石子游戏谈起	2012—08	18.00	217
皮亚诺曲线和豪斯道夫分球定理——从无限集谈起	2012—08	18.00	211
平面凸图形与凸多面体	2012—10	28.00	218
斯坦因豪斯问题——从一道二十五省市自治区中学数学竞赛试题谈起	2012—07	18.00	196

刘培杰数学工作室
已出版(即将出版)图书目录——初等数学

书 名	出版时间	定 价	编号
纽结理论中的亚历山大多项式与琼斯多项式——从一道北京市高一数学竞赛试题谈起	2012-07	28.00	195
原则与策略——从波利亚"解题表"谈起	2013-04	38.00	244
转化与化归——从三大尺规作图不能问题谈起	2012-08	28.00	214
代数几何中的贝祖定理(第一版)——从一道IMO试题的解法谈起	2013-08	18.00	193
成功连贯理论与约当块理论——从一道比利时数学竞赛试题谈起	2012-04	18.00	180
素数判定与大数分解	2014-08	18.00	199
置换多项式及其应用	2012-10	18.00	220
椭圆函数与模函数——从一道美国加州大学洛杉矶分校(UCLA)博士资格考题谈起	2012-10	28.00	219
差分方程的拉格朗日方法——从一道2011年全国高考理科试题的解法谈起	2012-08	28.00	200
力学在几何中的一些应用	2013-01	38.00	240
高斯散度定理、斯托克斯定理和平面格林定理——从一道国际大学生数学竞赛试题谈起	即将出版		
康托洛维奇不等式——从一道全国高中联赛试题谈起	2013-03	28.00	337
西格尔引理——从一道第18届IMO试题的解法谈起	即将出版		
罗斯定理——从一道前苏联数学竞赛试题谈起	即将出版		
拉克斯定理和阿廷定理——从一道IMO试题的解法谈起	2014-01	58.00	246
毕卡大定理——从一道美国大学数学竞赛试题谈起	2014-07	18.00	350
贝齐尔曲线——从一道全国高中联赛试题谈起	即将出版		
拉格朗日乘子定理——从一道2005年全国高中联赛试题的高等数学解法谈起	2015-05	28.00	480
雅可比定理——从一道日本数学奥林匹克试题谈起	2013-04	48.00	249
李天岩-约克定理——从一道波兰数学竞赛试题谈起	2014-06	28.00	349
整系数多项式因式分解的一般方法——从克朗耐克算法谈起	即将出版		
布劳维不动点定理——从一道前苏联数学奥林匹克试题谈起	2014-01	38.00	273
伯恩赛德定理——从一道英国数学奥林匹克试题谈起	即将出版		
布查特-莫斯特定理——从一道上海市初中竞赛试题谈起	即将出版		
数论中的同余数问题——从一道普特南竞赛试题谈起	即将出版		
范·德蒙行列式——从一道美国数学奥林匹克试题谈起	即将出版		
中国剩余定理:总数法构建中国历史年表	2015-01	28.00	430
牛顿程序与方程求根——从一道全国高考试题解法谈起	即将出版		
库默尔定理——从一道IMO预选试题谈起	即将出版		
卢丁定理——从一道冬令营试题的解法谈起	即将出版		
沃斯滕霍姆定理——从一道IMO预选试题谈起	即将出版		
卡尔松不等式——从一道莫斯科数学奥林匹克试题谈起	即将出版		
信息论中的香农熵——从一道近年高考压轴题谈起	即将出版		
约当不等式——从一道希望杯竞赛试题谈起	即将出版		
拉比诺维奇定理	即将出版		
刘维尔定理——从一道《美国数学月刊》征解问题的解法谈起	即将出版		
卡塔兰恒等式与级数求和——从一道IMO试题的解法谈起	即将出版		
勒让德猜想与素数分布——从一道爱尔兰竞赛试题谈起	即将出版		
天平称重与信息论——从一道基辅市数学奥林匹克试题谈起	即将出版		
哈密尔顿-凯莱定理:从一道高中数学联赛试题的解法谈起	2014-09	18.00	376
艾思特曼定理——从一道CMO试题的解法谈起	即将出版		

刘培杰数学工作室
已出版(即将出版)图书目录——初等数学

书 名	出版时间	定 价	编号
阿贝尔恒等式与经典不等式及应用	2018—06	98.00	923
迪利克雷除数问题	2018—07	48.00	930
贝克码与编码理论——从一道全国高中联赛试题谈起	即将出版		
帕斯卡三角形	2014—03	18.00	294
蒲丰投针问题——从2009年清华大学的一道自主招生试题谈起	2014—01	38.00	295
斯图姆定理——从一道"华约"自主招生试题的解法谈起	2014—01	18.00	296
许瓦兹引理——从一道加利福尼亚大学伯克利分校数学系博士生试题谈起	2014—08	18.00	297
拉姆塞定理——从王诗宬院士的一个问题谈起	2016—04	48.00	299
坐标法	2013—12	28.00	332
数论三角形	2014—04	38.00	341
毕克定理	2014—07	18.00	352
数林掠影	2014—09	48.00	389
我们周围的概率	2014—10	38.00	390
凸函数最值定理:从一道华约自主招生题的解法谈起	2014—10	28.00	391
易学与数学奥林匹克	2014—10	38.00	392
生物数学趣谈	2015—01	18.00	409
反演	2015—01	28.00	420
因式分解与圆锥曲线	2015—01	18.00	426
轨迹	2015—01	28.00	427
面积原理:从常庚哲命的一道CMO试题的积分解法谈起	2015—01	48.00	431
形形色色的不动点定理:从一道28届IMO试题谈起	2015—01	38.00	439
柯西函数方程:从一道上海交大自主招生的试题谈起	2015—02	28.00	440
三角恒等式	2015—02	28.00	442
无理性判定:从一道2014年"北约"自主招生试题谈起	2015—01	38.00	443
数学归纳法	2015—03	18.00	451
极端原理与解题	2015—04	28.00	464
法雷级数	2014—08	18.00	367
摆线族	2015—01	38.00	438
函数方程及其解法	2015—05	38.00	470
含参数的方程和不等式	2012—09	28.00	213
希尔伯特第十问题	2016—01	38.00	543
无穷小量的求和	2016—01	28.00	545
切比雪夫多项式:从一道清华大学金秋营试题谈起	2016—01	38.00	583
泽肯多夫定理	2016—03	38.00	599
代数等式证题法	2016—01	28.00	600
三角等式证题法	2016—01	28.00	601
吴大任教授藏书中的一个因式分解公式:从一道美国数学邀请赛试题的解法谈起	2016—06	28.00	656
易卦——类万物的数学模型	2017—08	68.00	838
"不可思议"的数与数系可持续发展	2018—01	38.00	878
最短线	2018—01	38.00	879
幻方和魔方(第一卷)	2012—05	68.00	173
尘封的经典——初等数学经典文献选读(第一卷)	2012—07	48.00	205
尘封的经典——初等数学经典文献选读(第二卷)	2012—07	38.00	206
初级方程式论	2011—03	28.00	106
初等数学研究(Ⅰ)	2008—09	68.00	37
初等数学研究(Ⅱ)(上、下)	2009—05	118.00	46,47

刘培杰数学工作室
已出版(即将出版)图书目录——初等数学

书　名	出版时间	定价	编号
趣味初等方程妙题集锦	2014−09	48.00	388
趣味初等数论选美与欣赏	2015−02	48.00	445
耕读笔记(上卷)：一位农民数学爱好者的初数探索	2015−04	28.00	459
耕读笔记(中卷)：一位农民数学爱好者的初数探索	2015−05	28.00	483
耕读笔记(下卷)：一位农民数学爱好者的初数探索	2015−05	28.00	484
几何不等式研究与欣赏.上卷	2016−01	88.00	547
几何不等式研究与欣赏.下卷	2016−01	48.00	552
初等数列研究与欣赏・上	2016−01	48.00	570
初等数列研究与欣赏・下	2016−01	48.00	571
趣味初等函数研究与欣赏.上	2016−09	48.00	684
趣味初等函数研究与欣赏.下	2018−09	48.00	685
火柴游戏	2016−05	38.00	612
智力解谜.第1卷	2017−07	38.00	613
智力解谜.第2卷	2017−07	38.00	614
故事智力	2016−07	48.00	615
名人们喜欢的智力问题	即将出版		616
数学大师的发现、创造与失误	2018−01	48.00	617
异曲同工	2018−09	48.00	618
数学的味道	2018−01	58.00	798
数学千字文	2018−10	68.00	977
数贝偶拾——高考数学题研究	2014−04	28.00	274
数贝偶拾——初等数学研究	2014−04	38.00	275
数贝偶拾——奥数题研究	2014−04	48.00	276
钱昌本教你快乐学数学(上)	2011−12	48.00	155
钱昌本教你快乐学数学(下)	2012−03	58.00	171
集合、函数与方程	2014−01	28.00	300
数列与不等式	2014−01	38.00	301
三角与平面向量	2014−01	28.00	302
平面解析几何	2014−01	38.00	303
立体几何与组合	2014−01	28.00	304
极限与导数、数学归纳法	2014−01	38.00	305
趣味数学	2014−03	28.00	306
教材教法	2014−04	68.00	307
自主招生	2014−05	58.00	308
高考压轴题(上)	2015−01	48.00	309
高考压轴题(下)	2014−10	68.00	310
从费马到怀尔斯——费马大定理的历史	2013−10	198.00	Ⅰ
从庞加莱到佩雷尔曼——庞加莱猜想的历史	2013−10	298.00	Ⅱ
从切比雪夫到爱尔特希(上)——素数定理的初等证明	2013−07	48.00	Ⅲ
从切比雪夫到爱尔特希(下)——素数定理100年	2012−12	98.00	Ⅲ
从高斯到盖尔方特——二次域的高斯猜想	2013−10	198.00	Ⅳ
从库默尔到朗兰兹——朗兰兹猜想的历史	2014−01	98.00	Ⅴ
从比勃巴赫到德布朗斯——比勃巴赫猜想的历史	2014−02	298.00	Ⅵ
从麦比乌斯到陈省身——麦比乌斯变换与麦比乌斯带	2014−02	298.00	Ⅶ
从布尔到豪斯道夫——布尔方程与格论漫谈	2013−10	198.00	Ⅷ
从开普勒到阿诺德——三体问题的历史	2014−05	298.00	Ⅸ
从华林到华罗庚——华林问题的历史	2013−10	298.00	Ⅹ

刘培杰数学工作室
已出版(即将出版)图书目录——初等数学

书 名	出版时间	定 价	编号
美国高中数学竞赛五十讲.第1卷(英文)	2014—08	28.00	357
美国高中数学竞赛五十讲.第2卷(英文)	2014—08	28.00	358
美国高中数学竞赛五十讲.第3卷(英文)	2014—09	28.00	359
美国高中数学竞赛五十讲.第4卷(英文)	2014—09	28.00	360
美国高中数学竞赛五十讲.第5卷(英文)	2014—10	28.00	361
美国高中数学竞赛五十讲.第6卷(英文)	2014—11	28.00	362
美国高中数学竞赛五十讲.第7卷(英文)	2014—12	28.00	363
美国高中数学竞赛五十讲.第8卷(英文)	2015—01	28.00	364
美国高中数学竞赛五十讲.第9卷(英文)	2015—01	28.00	365
美国高中数学竞赛五十讲.第10卷(英文)	2015—02	38.00	366
三角函数(第2版)	2017—04	38.00	626
不等式	2014—01	38.00	312
数列	2014—01	38.00	313
方程(第2版)	2017—04	38.00	624
排列和组合	2014—01	28.00	315
极限与导数(第2版)	2016—04	38.00	635
向量(第2版)	2018—08	58.00	627
复数及其应用	2014—08	28.00	318
函数	2014—01	38.00	319
集合	即将出版		320
直线与平面	2014—01	28.00	321
立体几何(第2版)	2016—04	38.00	629
解三角形	即将出版		323
直线与圆(第2版)	2016—11	38.00	631
圆锥曲线(第2版)	2016—09	48.00	632
解题通法(一)	2014—07	38.00	326
解题通法(二)	2014—07	38.00	327
解题通法(三)	2014—05	38.00	328
概率与统计	2014—01	28.00	329
信息迁移与算法	即将出版		330
IMO 50年.第1卷(1959—1963)	2014—11	28.00	377
IMO 50年.第2卷(1964—1968)	2014—11	28.00	378
IMO 50年.第3卷(1969—1973)	2014—09	28.00	379
IMO 50年.第4卷(1974—1978)	2016—04	38.00	380
IMO 50年.第5卷(1979—1984)	2015—04	38.00	381
IMO 50年.第6卷(1985—1989)	2015—04	58.00	382
IMO 50年.第7卷(1990—1994)	2016—01	48.00	383
IMO 50年.第8卷(1995—1999)	2016—06	38.00	384
IMO 50年.第9卷(2000—2004)	2015—04	58.00	385
IMO 50年.第10卷(2005—2009)	2016—01	48.00	386
IMO 50年.第11卷(2010—2015)	2017—03	48.00	646

刘培杰数学工作室
已出版(即将出版)图书目录——初等数学

书　　名	出版时间	定　价	编号
数学反思(2007—2008)	即将出版		915
数学反思(2008—2009)	2019—01	68.00	917
数学反思(2010—2011)	2018—05	58.00	916
数学反思(2012—2013)	2019—01	58.00	918
数学反思(2014—2015)	即将出版		919
历届美国大学生数学竞赛试题集.第一卷(1938—1949)	2015—01	28.00	397
历届美国大学生数学竞赛试题集.第二卷(1950—1959)	2015—01	28.00	398
历届美国大学生数学竞赛试题集.第三卷(1960—1969)	2015—01	28.00	399
历届美国大学生数学竞赛试题集.第四卷(1970—1979)	2015—01	18.00	400
历届美国大学生数学竞赛试题集.第五卷(1980—1989)	2015—01	28.00	401
历届美国大学生数学竞赛试题集.第六卷(1990—1999)	2015—01	28.00	402
历届美国大学生数学竞赛试题集.第七卷(2000—2009)	2015—08	18.00	403
历届美国大学生数学竞赛试题集.第八卷(2010—2012)	2015—01	18.00	404
新课标高考数学创新题解题诀窍:总论	2014—09	28.00	372
新课标高考数学创新题解题诀窍:必修1～5分册	2014—08	38.00	373
新课标高考数学创新题解题诀窍:选修2－1,2－2,1－1,1－2分册	2014—09	38.00	374
新课标高考数学创新题解题诀窍:选修2－3,4－4,4－5分册	2014—09	18.00	375
全国重点大学自主招生英文数学试题全攻略:词汇卷	2015—07	48.00	410
全国重点大学自主招生英文数学试题全攻略:概念卷	2015—01	28.00	411
全国重点大学自主招生英文数学试题全攻略:文章选读卷(上)	2016—09	38.00	412
全国重点大学自主招生英文数学试题全攻略:文章选读卷(下)	2017—01	58.00	413
全国重点大学自主招生英文数学试题全攻略:试题卷	2015—07	38.00	414
全国重点大学自主招生英文数学试题全攻略:名著欣赏卷	2017—03	48.00	415
劳埃德数学趣题大全.题目卷.1:英文	2016—01	18.00	516
劳埃德数学趣题大全.题目卷.2:英文	2016—01	18.00	517
劳埃德数学趣题大全.题目卷.3:英文	2016—01	18.00	518
劳埃德数学趣题大全.题目卷.4:英文	2016—01	18.00	519
劳埃德数学趣题大全.题目卷.5:英文	2016—01	18.00	520
劳埃德数学趣题大全.答案卷:英文	2016—01	18.00	521
李成章教练奥数笔记.第1卷	2016—01	48.00	522
李成章教练奥数笔记.第2卷	2016—01	48.00	523
李成章教练奥数笔记.第3卷	2016—01	38.00	524
李成章教练奥数笔记.第4卷	2016—01	38.00	525
李成章教练奥数笔记.第5卷	2016—01	38.00	526
李成章教练奥数笔记.第6卷	2016—01	38.00	527
李成章教练奥数笔记.第7卷	2016—01	38.00	528
李成章教练奥数笔记.第8卷	2016—01	48.00	529
李成章教练奥数笔记.第9卷	2016—01	28.00	530

刘培杰数学工作室
已出版(即将出版)图书目录——初等数学

书　名	出版时间	定　价	编号
第19～23届"希望杯"全国数学邀请赛试题审题要津详细评注(初一版)	2014—03	28.00	333
第19～23届"希望杯"全国数学邀请赛试题审题要津详细评注(初二、初三版)	2014—03	38.00	334
第19～23届"希望杯"全国数学邀请赛试题审题要津详细评注(高一版)	2014—03	28.00	335
第19～23届"希望杯"全国数学邀请赛试题审题要津详细评注(高二版)	2014—03	38.00	336
第19～25届"希望杯"全国数学邀请赛试题审题要津详细评注(初一版)	2015—01	38.00	416
第19～25届"希望杯"全国数学邀请赛试题审题要津详细评注(初二、初三版)	2015—01	58.00	417
第19～25届"希望杯"全国数学邀请赛试题审题要津详细评注(高一版)	2015—01	48.00	418
第19～25届"希望杯"全国数学邀请赛试题审题要津详细评注(高二版)	2015—01	48.00	419
物理奥林匹克竞赛大题典——力学卷	2014—11	48.00	405
物理奥林匹克竞赛大题典——热学卷	2014—04	28.00	339
物理奥林匹克竞赛大题典——电磁学卷	2015—07	48.00	406
物理奥林匹克竞赛大题典——光学与近代物理卷	2014—06	28.00	345
历届中国东南地区数学奥林匹克试题集(2004～2012)	2014—06	18.00	346
历届中国西部地区数学奥林匹克试题集(2001～2012)	2014—07	18.00	347
历届中国女子数学奥林匹克试题集(2002～2012)	2014—08	18.00	348
数学奥林匹克在中国	2014—06	98.00	344
数学奥林匹克问题集	2014—01	38.00	267
数学奥林匹克不等式散论	2010—06	38.00	124
数学奥林匹克不等式欣赏	2011—09	38.00	138
数学奥林匹克超级题库(初中卷上)	2010—01	58.00	66
数学奥林匹克不等式证明方法和技巧(上、下)	2011—08	158.00	134,135
他们学什么:原民主德国中学数学课本	2016—09	38.00	658
他们学什么:英国中学数学课本	2016—09	38.00	659
他们学什么:法国中学数学课本.1	2016—09	38.00	660
他们学什么:法国中学数学课本.2	2016—09	28.00	661
他们学什么:法国中学数学课本.3	2016—09	38.00	662
他们学什么:苏联中学数学课本	2016—09	28.00	679
高中数学题典——集合与简易逻辑・函数	2016—07	48.00	647
高中数学题典——导数	2016—07	48.00	648
高中数学题典——三角函数・平面向量	2016—07	48.00	649
高中数学题典——数列	2016—07	58.00	650
高中数学题典——不等式・推理与证明	2016—07	38.00	651
高中数学题典——立体几何	2016—07	48.00	652
高中数学题典——平面解析几何	2016—07	78.00	653
高中数学题典——计数原理・统计・概率・复数	2016—07	48.00	654
高中数学题典——算法・平面几何・初等数论・组合数学・其他	2016—07	68.00	655

刘培杰数学工作室
已出版(即将出版)图书目录——初等数学

书　名	出版时间	定　价	编号
台湾地区奥林匹克数学竞赛试题.小学一年级	2017—03	38.00	722
台湾地区奥林匹克数学竞赛试题.小学二年级	2017—03	38.00	723
台湾地区奥林匹克数学竞赛试题.小学三年级	2017—03	38.00	724
台湾地区奥林匹克数学竞赛试题.小学四年级	2017—03	38.00	725
台湾地区奥林匹克数学竞赛试题.小学五年级	2017—03	38.00	726
台湾地区奥林匹克数学竞赛试题.小学六年级	2017—03	38.00	727
台湾地区奥林匹克数学竞赛试题.初中一年级	2017—03	38.00	728
台湾地区奥林匹克数学竞赛试题.初中二年级	2017—03	38.00	729
台湾地区奥林匹克数学竞赛试题.初中三年级	2017—03	28.00	730
不等式证题法	2017—04	28.00	747
平面几何培优教程	即将出版		748
奥数鼎级培优教程.高一分册	2018—09	88.00	749
奥数鼎级培优教程.高二分册.上	2018—04	68.00	750
奥数鼎级培优教程.高二分册.下	2018—04	68.00	751
高中数学竞赛冲刺宝典	即将出版		883
初中尖子生数学超级题典.实数	2017—07	58.00	792
初中尖子生数学超级题典.式、方程与不等式	2017—08	58.00	793
初中尖子生数学超级题典.圆、面积	2017—08	38.00	794
初中尖子生数学超级题典.函数、逻辑推理	2017—08	48.00	795
初中尖子生数学超级题典.角、线段、三角形与多边形	2017—07	58.00	796
数学王子——高斯	2018—01	48.00	858
坎坷奇星——阿贝尔	2018—01	48.00	859
闪烁奇星——伽罗瓦	2018—01	58.00	860
无穷统帅——康托尔	2018—01	48.00	861
科学公主——柯瓦列夫斯卡娅	2018—01	48.00	862
抽象代数之母——埃米·诺特	2018—01	48.00	863
电脑先驱——图灵	2018—01	58.00	864
昔日神童——维纳	2018—01	48.00	865
数坛怪侠——爱尔特希	2018—01	68.00	866
当代世界中的数学.数学思想与数学基础	2019—01	38.00	892
当代世界中的数学.数学问题	2019—01	38.00	893
当代世界中的数学.应用数学与数学应用	2019—01	38.00	894
当代世界中的数学.数学王国的新疆域(一)	2019—01	38.00	895
当代世界中的数学.数学王国的新疆域(二)	2019—01	38.00	896
当代世界中的数学.数林撷英(一)	2019—01	38.00	897
当代世界中的数学.数林撷英(二)	2019—01	48.00	898
当代世界中的数学.数学之路	2019—01	38.00	899